DIE GEHEIME WISSENSCHAFT DES REICH WERDENS

BOB PROCTOR UND
SANDY GALLAGHER

Bob Proctor hat sein ganzes Leben einem einzigen Ziel gewidmet:
Einen Menschen nach dem anderen zu erreichen und ihm zu versichern,
dass er nicht nur Großes erreichen kann,
sondern dass Großes bereits in ihm lebt.

BOB PROCTOR

1934 - 2022

Englischer Originaltitel: THE SECRET OF THE SCIENCE OF GETTING RICH.

Published 2021 by Gildan Media LLC

aka G&D Media www.GandDmedia.com

ISBN: 978-3-903410-05-3

Herausgegeben von:

Life Success Media GmbH, A-6020 Innsbruck

www.bobproctor.de

Dieses Werk wurde vermittelt durch die

Literarische Agentur Thomas Schlück GmbH, 30161 Hannover

Herausgegeben gemäß einer Vereinbarung mit WATERSIDE PRODUCTIONS INC., 2055 Oxford Avenue, CARDIFF-BY-THE-SEA, CA 92007 USA

Titelseitendesign von Patti Knoles

Inneres Design von Meghan Day Healey, Story Horse, LLC

Gedruckt in der Europäischen Union.

Inhalt

Vorwort

von Sandy Gallagher

Der Titel dieses Buchs weist bereits darauf hin, dass die Wissenschaft des Reichwerdens nicht aus einer Abfolge von zufälligen Informationen besteht. Sie ist ein methodischer, gut durchdachter Plan auf wissenschaftlicher Grundlage zur Erschaffung von Reichtum in allen Bereichen deines Lebens.

Angesichts all dessen, was zurzeit in der Welt geschieht, sollten wir unbedingt den Unterschied zwischen gut und schlecht verstehen. Tatsächlich entscheidest du mit deiner Denkweise darüber, ob etwas gut oder schlecht ist. Wir haben die Wahl: Wir können unseren Fokus auf das Gute oder auf das Schlechte lenken.

W. Clement Stone, der unter anderem die Combined Insurance Company of America aufbaute, machte sich die Philosophie zu eigen, auf alles, was man ihm sagte, zu entgegnen: „Das ist gut!". Sogar wenn man ihm berichtet hätte, dass sein Verwaltungsgebäude soeben abgebrannt war, hätte er geantwortet: „Das ist gut!“.

Warum machte er das? Wenn du bei allem sagst „das ist gut“, so wirst du auch das Gute daran finden. Das ist eine wunderbare Lektion.

Napoleon Hills Klassiker *Denke nach und werde reich* war Bob Proctors Einführung in das Persönlichkeitstraining. Darin heißt es: „Denke ab sofort an Überfluss. Ein disziplinierter Geist kann ein beträchtliches Einkommen generieren, und zwar von heute an“.

Und so dachte Bob nicht länger an Rechnungen und Schulden. Er begann, an Fülle und Überfluss zu denken und er setzte sich Ziele, um an Reichtum zu gelangen. Dieser Bewusstseinswandel bewirkte einen gewaltigen Unterschied. Und als er beschloss, den Reichtum zu studieren und die Ratschläge seines Mentors zu befolgen, schoss sein Einkommen in die Höhe. Bevor er mit dem Studium dieser Themen begann, verdiente er nur 4.000 Dollar im Jahr, aber schon nach zwölf Monaten stieg sein Einkommen auf über 175.000 Dollar.

Wenn du diese Inhalte aufmerksam studierst und sie in deinem Denken und Tun diszipliniert umsetzt, kannst du dein Jahreseinkommen in dein Monatseinkommen verwandeln. Selbstverständlich hat Bob noch sehr viel mehr erreicht.

Einer seiner besonders bewundernswerten Charakterzüge war seine Disziplin.

Disziplin ist die Fähigkeit, dir selbst einen Befehl zu geben und ihn dann auch auszuführen. Du musst ab sofort an Fülle und Überfluss denken und diese Ideen mit großer Disziplin studieren. Je mehr Disziplin du aufbringst, umso größer wird der Nutzen sein, den dir dieses Buch bringt. Alles darin dreht sich um Fülle und Überfluss, um Wohlstand und Erfüllung im Leben.

„Disziplin ist die Fähigkeit, dir selbst einen Befehl zu geben und ihn dann auch auszuführen."

Lloyd Conant und Earl Nightingale waren die ersten, die Erfolgsratgeber zum Hören herausbrachten. Im Jahr 1968, als Bob sich um eine Arbeitserlaubnis in den USA bemühte, lud ihn einmal Lloyd Conant zum Abendessen ein.

Bob fragte ihn: „Lloyd, wie hast du mit diesem Geschäft begonnen?“

Lloyd antwortete: „Alles begann mit diesem Buch“.

Es war *Die Wissenschaft des Reichwerdens* von Wallace D. Wattles, erschienen im Jahr 1910. Als Lloyd Conant dieses Buch in die Hände bekam, hat er es regelrecht verschlungen. Er las es an einem Abend von vorne bis hinten durch und las es anschließend immer und immer wieder.

Bob war fasziniert von dieser Geschichte und er meinte zu Lloyd: „Dieses Buch muss ich unbedingt haben!“. Lloyd überreichte ihm sein eigenes Exemplar und Bob hat es seitdem niemals beiseitegelegt. Er studierte es von da an ohne Unterlass.

Dieses Buch von Wattles inspirierte auch Rhonda Byrne zu ihrem Film The Secret – Das Geheimnis, der 2006 herauskam. Sie wusste, dass Bob das Buch studiert hatte, und aus diesem Grund lud sie ihn ein, an dem Film mitzuwirken.

In jenem Jahr veränderte dieses Buch auch mein Leben, denn am 18. August 2006 besuchte ich in Vancouver, Washington, mein erstes Seminar mit Bob Proctor. Ich werde es nie vergessen.

Damals arbeitete ich als Anwältin im Bankenbereich. Ich half bei der Gründung und der Fusion von Banken, unterstützte sie beim Börsengang und anderen Geschäften. Darin war ich ziemlich gut. Ich war

Eigenkapitalpartnerin in dem Unternehmen und mein Einkommen lag im hohen sechsstelligen Bereich. Alles in meinem Leben schien recht gut zu laufen.

Als Bob die Bühne betrat und zu sprechen begann, hatte er sofort meine volle Aufmerksamkeit. Seine Worte faszinierten mich total. Mir war, als ob er meinen Kopf genommen, ihn durchgeschüttelt und dann wieder aufgesetzt hätte. Ich begann, alles in meinem Leben neu zu bewerten. Mir ging ein gewaltiges, helles Licht auf und meine Welt wurde auf einmal viel größer.

Nach den drei Tagen in Bobs Seminar zur Wissenschaft des Reichwerdens hatte sich meine Welt völlig gewandelt. Immer wieder fragte er: „Was willst du wirklich? Denk nicht an das, was andere für dich wollen. Denk nicht an das, was du für dich für möglich hältst. Grabe tief in deinem Herzen. Was würdest du tun, wenn alles für dich möglich wäre? Wie soll dein Leben aussehen? Was willst du erreichen?“

Mein Exemplar von *Die Wissenschaft des Reichwerdens*, war ein kleines grünes buch mit festem Eiband. Ich öffnete es und schrieb: „Ich will zum Führungsteam dieses Unternehmens gehören. Ich will die engste Beraterin von Bob Proctor werden. Ich will mit ihm ein Trainingsprogramm entwickeln und dieses in Unternehmen, Vorstandsetagen und Chefbüros einführen." Dies alles schrieb ich in ganz kleiner Schrift und schlug das Buch schnell wieder zu, weil ich nicht wollte, dass irgendjemand sah, was ich da geschrieben hatte, und ich wollte auch mit niemandem darüber sprechen.

In mir tobte ein innerer Kampf: „Für wen hältst du dich eigentlich? Du bist doch bloß eine Anwältin. Bob Proctor kennt dich ja nicht mal. Und was wird aus deiner Altersvorsorge und deiner Kapitalbeteiligung?" All das waren gute Gründe, warum ich meinem wahren Wunsch nicht nachgeben sollte.

Ich traute mich und traf eine Entscheidung: Ich war so sehr in diese Idee verliebt, dass ich sie einfach verwirklichen musste. Kurz bevor das Wochenendseminar zu Ende ging, sagte ich vor allen Teilnehmern: „Ich weiß zwar nicht wie, aber ich werde meinen Plan umsetzen, weil ich genau das in meinem Leben tun will." Heute bin ich zu 50 Prozent Eigentümerin des Proctor Gallagher Institute. Die Zusammenarbeit mit Bob war einfach fantastisch, es war die beste Geschäftspartnerschaft, die man sich nur vorstellen kann. Gemeinsam mit einem großartigen Team taten wir das, was wir liebten, und halfen damit Menschen auf der ganzen Welt.

Wenn du dich in dieses Training wirklich vertiefst, ist alles möglich. Allerdings geht es dabei nicht nur um Spaß und Begeisterung. Du musst deinen Denkerhut aufsetzen und ernsthaft über die Konzepte und Schritte nachdenken, über die wir hier sprechen und wie du sie in deinem Leben umsetzen kannst. Dann wird auch für dich alles möglich. Tatsächlich kannst du dir deine eigene Konjunktur kreieren. Denk mal darüber nach. Mit der Wissenschaft des Reichwerdens kannst du dich von der Wirtschaftslage völlig freimachen.

Stell dir mal ein Paar vor, das in einem Haus zusammenlebt. Der eine Partner durchlebt eine schwere Wirtschaftskrise und der andere erlebt goldene wirtschaftliche Zeiten. Wie kann das sein? Der eine arbeitet im Einklang mit dem Gesetz und hält an seiner Wunschvorstellung fest. Er hat sich mit seinen Gefühlen auf diese Idee eingelassen und so seine Schwingung verändert. Dadurch zieht er alles an, was er braucht, damit sich dieses Bild in seinem Leben verwirklichen kann. Er hat sich von der äußeren Wirtschaftslage freigemacht. Der andere Partner betrachtet alles von der negativen Seite. Er sieht nur die schlechten Nachrichten und fragt sich, warum niemand etwas dagegen unternimmt.

Alle beide liegen richtig. Du weißt ja, dass alles

eine gute und eine schlechte Seite hat. Du wirst immer recht haben, unabhängig davon, welche Perspektive du auch einnimmst; für welche Seite willst du dich also entscheiden? Natürlich willst du die Seite wählen, die dir deine gewünschten Ergebnisse bringt.

Wenn du die empfohlenen Übungen in diesem Trainingsprogramm befolgst und über diese Ideen nachdenkst, erschaffst du dir eine absolut wundervolle Zukunft.

Jeder wünscht sich Freiheit. Aber warum streben wir so sehr danach? Weil wir spirituelle Wesen sind. Das Geistige strebt stets nach Ausweitung, nach Freiheit, nach einem vollständigeren Ausdruck. Wir wollen unseren Herzenswünschen Ausdruck verleihen, wir wollen unser Sein immer weiter ausdehnen. Danach sehnen wir uns.

Wir sehnen uns nach Zeit- und Geldfreiheit. Im Rückblick auf meine Zeit als Anwältin an der Wall Street erkenne ich, dass ich damals weder Zeit- noch Geldfreiheit besaß. Ich verdiente zwar gutes Geld, aber alles war eine ewige Tretmühle. Meine Kollegen und ich wussten nicht, was wir anders machen konnten.

„Denke daran, dass alles eine gute und eine schlechte Seite hat. Du wirst immer recht haben, welche Perspektive du auch einnimmst; für welche Seite willst du dich also entscheiden?"

Aus diesem Grund brauchen wir Bewusstheit. Du wirst erstaunt sein, wie viel freie Zeit du hast, wenn du nicht mehr über Geld nachdenken musst (was die meisten ständig tun). Selbst mit meinem hohen sechsstelligen Einkommen dachte ich darüber nach, wie ich noch mehr verdienen konnte. Wie konnte ich einen noch besseren Service bieten? Wie konnte ich noch mehr Menschen helfen? Ich rannte ständig gegen eine Wand an und dachte immer nur: „Ich muss noch länger arbeiten", denn Anwälte werden nach Arbeitszeit bezahlt und ein Tag hat nicht beliebig viele Stunden. Ich hatte einfach noch kein Bewusstsein dafür, die Dinge anders zu sehen.

Dabei ist unser Bewusstseinslevel entscheidend. Davon hängt deine Fähigkeit zum Reichwerden ab. Du wirst im Leben keine anderen Ergebnisse erzielen, wenn du dein Bewusstsein nicht änderst. Bewusstheit und Bewusstsein, darauf kommt es vor allen anderen Dingen an.

Stell dir mal dein Bewusstsein als einen Punkt vor. Wenn wir unser Bewusstsein nur ein wenig erweitern, können wir es als einen sich ständig ausdehnenden Kreis wahrnehmen. Und gleichzeitig erweitert sich auch deine Welt. Du kannst sehen, wie deine Welt immer größer wird. Nur durch eine kleine Veränderung erweitert sich deine Welt bereits dramatisch.

Wir erweitern unser Bewusstsein durch Erfahrungen. Alles, was wir sehen, riechen, schmecken, fühlen und hören, lässt uns bewusster werden.

„Durch ein effizientes Training in Verbindung mit einem hochklassigen, professionellen Coaching wird sich dein Bewusstsein mit der Zeit erweitern."

Deine Erfahrungen mit diesem Buch werden dein Bewusstsein um eine neue Denkweise bereichern. Diese Inhalte sind voller methodischer und wissenschaftlicher Weisheit, und wenn du dich darauf einlässt, wirst du in deinem Leben einen gewaltigen Wachstumsschub erfahren.

Es muss unser Ziel sein, unser Bewusstsein immer mehr zu erweitern. Sieh es doch mal so: Wenn ein Mensch 100.000 Dollar im Jahr verdient und er gern 100.000 Dollar im Monat verdienen möchte, wie kann er dahinkommen? Er braucht eine größere Bewusstheit.

Er verdient nicht 100.000 im Jahr, weil er das will; er verdient 100.000 jährlich, weil er sich nicht bewusst ist, wie er diese Summe im Monat verdienen kann. Oder meinst du, er würde freiwillig bei jährlich 100.000 bleiben, wenn er wüsste, wie er 100.000 im Monat erzielen kann? Ganz bestimmt nicht. Und warum nicht? Weil wir spirituelle Wesen sind und weil das Geistige stets nach Ausweitung und einem vollständigeren Ausdruck strebt.

Wir wollen unseren Mitmenschen einen noch besseren Dienst erweisen. Wir wollen noch mehr Gutes tun. Wenn wir ein jährliches Einkommen von 100.000 Dollar zu unserem Monatseinkommen machen, steht uns über eine Million zur Verfügung, um noch mehr Gutes zu tun. Mit einer Million kann man schon sehr viel Gutes bewirken.

Wie kannst du also deine Bewusstseinserweiterung anstoßen? Durch ein effizientes Training in Verbindung mit einem hochklassigen, professionellen Coaching. Du musst diese Konzepte jeden einzelnen Tag studieren. Und wenn du dafür sorgst, dass sich dein Bewusstsein immer mehr ausdehnt, wächst gleichzeitig auch dein Wissen, wie du mehr Geld verdienen kannst.

Ich hatte eine gute Ausbildung, bei der ich sehr viel

lernte. Nach meinem Jurastudium war ich 22 Jahre lang als Anwältin tätig. Ich erhielt sogar eine Auszeichnung als beste Studentin des Bankenrechts in den USA. An der Wall Street arbeitete ich für die besten Unternehmen und war sehr erfolgreich.

Sicher, ich hatte Erfolg, aber wenn ich diese 22 Jahre mit den 15 Jahren als Geschäftspartnerin von Bob Proctor vergleiche, sehen meine Jahre als Anwältin ziemlich blass aus. Seitdem hat mein Einkommen unglaubliche Höhen erreicht. Mein Lebensstil ist viel facettenreicher und schöner, mit tiefen Freundschaften auf der ganzen Welt, und täglich arbeite ich mit einem wunderbaren Team zusammen. Ich liebe es. Und alles kam durch Disziplin, Studium und die Erweiterung meines Bewusstseins. Wenn du dich wirklich auf dieses Buch einlässt, werden sich wunderbare Resultate in deinem Leben einstellen.

Es ist so traurig, ein Kind zu sehen, das sich vor der Dunkelheit fürchtet. Aber weißt du was? Sehr viele Erwachsene fürchten sich vor dem Licht und das ist noch viel trauriger. Dabei wissen sie noch nicht einmal, wovor sie eigentlich Angst haben.

Wir dürfen uns nicht vor dem Licht fürchten. Wir müssen mehr Licht in die Welt bringen, die Dunkelheit verjagen und unser Bewusstsein steigern.

Hier ist eine großartige Wahrheit: *Alles, was du suchst, ist auch auf der Suche nach dir.* Als ich diese Worte von Bob zum ersten Mal hörte, fragte ich mich: „Was meint er bloß damit?“ Sieh es mal so: Wenn du eine Idee mit starken Gefühlen verknüpfst, kreierst du damit in deinem Unterbewusstsein ein großes, schönes Bild von deinem Ziel. Das verändert deine Schwingung und du ziehst alles an, was du brauchst. Du strebst ein großes Ziel an und dein Ziel zieht für dich alles Erforderliche an. Alles, was du suchst, das sucht auch nach dir. Es geht immer um Schwingungsveränderung und Resonanz.

Nochmals, der Trick zu deinem Traumleben liegt in der Erweiterung deines Bewusstseins, und das erfordert Arbeit. Es ist aber leider wahr, dass die meisten vor dieser Arbeit zurückscheuen. Aber wenn du dich darauf einlässt, wenn du dich fest verpflichtest, jeden Tag etwas für deine Bewusstseinserweiterung zu tun und Inhalte mit guten Ideen für dein Leben zu studieren, kannst du nicht verlieren. Tatsächlich wirst du reich belohnt.

Alles beginnt mit einer Entscheidung. Im Verlauf dieses Buches wirst du ständig aufgefordert, eine Wahl zu treffen. Du musst dich fragen: „Will ich das tun? Will ich hier investieren? Will ich dieses Ziel verfolgen?“. Unglaubliche, bewusstseinsschärfende Informationen werden auf dich einprasseln und die Ideen werden dir nur so zufliegen.

Ein paar Tipps, wie du das meiste aus diesem Buch herausholen kannst:

- Verpflichte dich, jeden Tag an deiner Bewusstseinserweiterung zu arbeiten und diese Inhalte zu studieren.
- Triff auf diesen Ideen basierende Entscheidungen und ändere sie nur selten (wenn überhaupt).
- Öffne deinen Geist, um die Ideen tief einsinken zu lassen.
- Frage dich: Was will ich? Was will ich wirklich?

In meinem ersten Seminar fühlte ich mich überwältigt. Mir war, als ob meine Schwingung eine völlig neue Ebene erreicht hätte. Noch während ich im Seminarraum saß, schwebten meine Gedanken durch Vorstandsetagen und Chefbüros und ich dachte mir Entwürfe für ein Trainingsprogramm aus.

Und so wird es auch dir ergehen. Du wirst dich selbst zu Entscheidungen auffordern. Triff sie schnell und dann bleibe dabei. Du musst lernen, rasche Entscheidungen zu treffen und sie nur sehr selten zu ändern, wenn überhaupt. Dies ist einer der großen Schlüssel zum Erfolg.

Am 18. August 2006 traf ich auf dem Seminar in Vancouver eine solche Entscheidung. Dafür bin ich sehr dankbar und habe seitdem nie mehr zurückgeblickt. Darin steckt eine gewaltige Kraft.

Du musst dich entscheiden, schnell entscheiden, damit du dein Leben nach deinen wahren Wünschen gestalten kannst. Ich bin sehr, sehr dankbar, dass ich 2006 Bob Proctor kennenlernen durfte, was schließlich zu meiner Geschäftspartnerschaft mit ihm führte. Er war ein unglaublich beeindruckender Mensch.

Öffne deinen Geist, um diese Ideen tief einsinken zu lassen. Als ich Bob fragen hörte „Was willst du? Was willst du wirklich?“, ließ ich meiner Fantasie freien Lauf und traf schwierige Entscheidungen. Die Belohnung war gewaltig und genau das wünsche ich mir für dich auch.

Kapitel 1

Es ist dein Recht, reich zu sein – und deine Pflicht

Als Lloyd Conant mir das erste Exemplar von „*Die Wissenschaft des Reichwerdens*" schenkte, änderte sich meine Welt völlig. Ich begann, Dinge zu studieren und zu verstehen, die die meisten nie begreifen und die ihnen ihr ganzes Leben lang ein Rätsel bleiben.

In diesem Buch werden dir Ideen begegnen, die dich dazu bringen, deine alte Denkweise hinter dir zu lassen. Du wirst dir sagen: „Das ist doch verrückt. Glaubt der das denn wirklich?"

Ich glaube es nicht nur, ich lebe es. Ich lebe diese Ideen ständig. Ich stehe morgens sehr früh auf, um fünf oder halb sechs. Dann beginnt meine Zeit des Studiums, und ich höre nie damit auf, weil ich weiß, dass wir es mit einer unerschöpflichen Vorratsquelle zu tun haben. In der Bibel heißt es: „Erwirb Einsicht mit allem, was du hast“ (Sprüche 4,7). Ganz gleich, wie groß deine Einsicht bereits ist – sie kann noch größer werden.

Einsicht und Verständnis sind das genaue Gegenteil von Sorge und Zweifel. Wenn du dir Sorgen machst oder an dir selbst zweifelst, brauchst du mehr Einsicht und Verständnis: Dort liegt der Schlüssel. Erwirb Verständnis mit allem, was du hast. Je mehr du deinen Geist mit diesen Inhalten sättigst, umso mehr ziehst du davon an. Du wirst diese Schwingung annehmen.

Das Gesetz der Anziehung ist ein nachgeordnetes Gesetz. Das übergeordnete Gesetz ist das Gesetz der Schwingung. Es besagt, dass sich alles in Bewegung und nichts in Ruhe befindet. Alle Gegenstände in dem Raum, in dem du gerade bist, sehen unbeweglich aus, aber in Wirklichkeit schwingen sie mit einer so hohen Frequenz, dass sie scheinbar stillstehen. Dein ganzer Körper bewegt sich so schnell – mit einer Geschwindigkeit von 40 Millionen Zellen pro Sekunde – dass auch er stillzustehen scheint. (Die Energie, die deinem Körper entströmt, kann man sogar fotografieren. Schon 1934 perfektionierte Semyon Kirlian in Russland eine Form der Fotografie, mit der das möglich war.) Wir müssen begreifen, dass im gesamten Universum ganz bestimmte Gesetzmäßigkeiten wirken und nicht der Zufall.

Als ich im Jahr 1961 mit dem Studium dieser Inhalte begann, war ich unglücklich, krank und pleite. Ich hatte nur zwei Monate auf der High School verbracht, ich besaß eine schlechte Arbeitsmoral und eine schlechte Einstellung. Und dennoch maßte ich mir an, die Verfasser dieser Bücher als verrückt zu bezeichnen.

Wir neigen dazu, alles, was wir nicht verstehen, zu kritisieren oder ins Lächerliche zu ziehen. Damals, am Anfang, konnte ich mir nichts von dem erklären, was diese Autoren schrieben,

und so nannte ich es verrückt und lehnte es ab.

Ich möchte dir hier und jetzt empfehlen, dass du Stift und Papier nimmst und schreibst: Lehne nichts ab.

Und darunter schreibst du: Akzeptiere nichts. Du solltest nichts ablehnen, aber du brauchst auch nichts zu akzeptieren. Es ist eine wunderbare Wahrheit, dass du und ich die Fähigkeit haben, eine Wahl zu treffen. Auch wenn du eine Idee nicht übernehmen willst, solltest du sie nicht gleich ablehnen. Sieh sie dir an. Denke darüber nach. Das Nachdenken ist das Höchste, wozu wir fähig sind, doch leider tun wir es nicht oft genug.

Lehne nichts ab. Höre dir alles an. Das bedeutet nicht, dass du es akzeptieren musst. Denke darüber nach und betrachte es von allen Seiten.

Die Schriftsteller Stewart Edward White und Harwood White sagten, dass es doch merkwürdig ist, auf welche Weise wir zur Weisheit gelangen. Immer wieder wird uns ein und dieselbe Wahrheit unter die Nase gehalten. Wir sehen sie geschrieben. Wir durchleiden die Erfahrungen, die sie beschreiben. Allmählich stimmen wir dem Ratschlag verstandesmäßig zu, aber in unserem Inneren geschieht nichts. Aber dann, eines Tages, lässt uns irgendeine belanglose Äußerung oder Situation innehalten. Ein Schimmer der Erkenntnis dringt in die tieferen Schichten unseres Bewusstseins ein. Ein greller Blitz enthüllt uns die vollständige Wahrheit und wir fragen uns, warum sich das Verständnis so lange vor uns verbarg.

Nichts geschieht im Äußeren, wenn im Inneren nichts passiert. Wenn dein Bankkonto sich füllen soll, muss sich etwas in dir verändern. Wenn du dir eine liebevollere Beziehung wünschst, musst du etwas in dir verändern. Und du musst dich auch innerlich wandeln, wenn dein Geschäft wachsen soll.

Die Regeln von Bob Proctor für das Studium dieses Buches:

1. Weise nichts zurück.
2. Akzeptiere nichts.
3. Höre dir alles an.
4. Betrachte alles und denke darüber nach.
5. Setze die Ideen um, die für dich Sinn ergeben.

Napoleon Hill widmete sein gesamtes Leben dem Studium der 500 weltweit erfolgreichsten Menschen. Was er dabei lernte, schrieb er in seinem Buch *Das Gesetz des Erfolgs* nieder.

Aufbauend auf diesem Gesetz verfasste er dann das Buch *Denke nach und werde reich.* Er präsentiert darin die Essenz der besten Gedanken der 500 erfolgreichsten Persönlichkeiten der Welt aus der Zeitspanne von 1908 bis 1937 – Menschen wie Henry Ford, King Gillette und Thomas Edison. Dennoch wird dir kein noch so großer Aufwand beim Lesen oder Auswendiglernen den Erfolg bringen, sondern allein das Verstehen und Anwenden kluger Gedanken.

Lloyd C. Douglas verfasste ein Buch mit dem Titel *The Magnificent Obsession.* Ich fragte mich, was an einer Besessenheit denn grandios sein kann. Ich hielt

Besessenheit für etwas Schlechtes. Also schlug ich das Wort im Lexikon nach. Dort fand ich folgende Definition: „Besessenheit ist eine anhaltende, aufwühlende Beschäftigung mit einer oft unvernünftigen Idee."

„Besessenheit: eine anhaltende, aufwühlende Beschäftigung mit einer oft unvernünftigen Idee."
- Lloyd C. Douglas

Das kann also etwas sehr Positives sein.

Es gibt keine Grenzen für das, was du tun kannst – absolut keine. Deine spirituelle DNA ist perfekt. Was meine ich damit? Du bist Gottes höchste Schöpfungsform. Es gibt nichts auf dem Planeten, das dir auch nur annähernd gleicht.

Alle anderen Wesen auf dem Planeten fühlen sich in ihrer Umgebung vollständig zuhause, aber wir sind völlig orientierungslos. Wir verschmelzen nicht mit unserer Umwelt, weil wir die gottgleiche Fähigkeit erhielten, unsere eigene Umwelt zu erschaffen. Uns wurden höhere Fähigkeiten gegeben. Wir besitzen mentale Fähigkeiten, über die, soweit wir wissen, keine andere Lebensform verfügt.

Wir wurden nach Gottes Ebenbild erschaffen. In uns liegt Vollkommenheit. Sie bildet den Kern unseres Wesens und unseres Bewusstseins, und diese Vollkommenheit will sich ständig in dir und durch dich ausdrücken. Sie sucht nach einer immer größeren Ausdrucksmöglichkeit. Deshalb willst du immer mehr. Das heißt nicht, dass du gierig bist, und auch nicht, dass du jetzt nicht genug hast. Du willst mehr, weil die Essenz deines Wesens sich noch großartiger ausdrücken will. Wenn du läufst, willst du schneller laufen, wenn du springst, willst du höher springen und wenn du verkaufst, willst du mehr verkaufen.

Oft hört man die Leute sagen, dass sie spirituelle Wesen sind, die eine körperliche Erfahrung machen. Genau das trifft auf dich in diesem Leben zu.

Was uns Menschen vom gesamten Rest der Tierwelt unterscheidet, ist unser Intellekt. Wenn wir den Intellekt richtig nutzen, können wir unsere Emotionen kontrollieren und ändern. Der Intellekt aktiviert die Gefühle.

Sehen wir uns nun den Geist an. Wo ist er? Du kannst dir alle großen spirituellen Klassiker ansehen – die Bhagavad Gita, den Koran, die Tora, die Bibel oder das Buch Mormon, sie alle sagen dir, dass sich der

Geist überall befindet. Das Geistige ist an allen Orten gleichzeitig präsent. Wo ist Gott? Gott ist überall.

Wernher von Braun, der Vater des US-Raumfahrtprogramms, war sicherlich einer der bedeutendsten Wissenschaftler unserer Zeit. Er sagte, dass sein jahrelanges Studium der spektakulären Mysterien des Kosmos ihn zu einem festen Glauben an die Existenz Gottes geführt habe. Weiter sagte er, dass die Naturgesetze des Universums so präzise sind, dass es für uns nicht schwierig ist, Raumschiffe zu bauen und Menschen damit auf den Mond zu schicken und die Landung auf Sekundenbruchteile genau zu bestimmen, und er fügte hinzu, dass es jemanden geben muss, der diese Gesetze festgelegt hat.

Der höchste Aspekt deiner Person ist die spirituelle Seite. Der niedrigste Aspekt ist die physische Seite.

Das müssen wir unbedingt verstehen. Dir wurde ein Intellekt geschenkt, mit dem du die Welt verändern kannst. Jede Schwingungsfrequenz ist mit ihrer oberen und unteren Nachbarfrequenz verbunden. Wir können uns mit einer höheren Ebene verbinden, um eine niedrigere Ebene zu verändern. Dies ist keiner anderen Lebensform möglich.

Der höchste Aspekt deiner Person ist die spirituelle Seite. Der niedrigste Aspekt ist die physische Seite.

Hier ist noch ein weiteres Konzept. Was passiert, wenn ich Wasser erhitze? Es bleibt nicht länger flüssig, sondern verwandelt sich in Dampf. Wir geben dem Wasser einen neuen Namen. Und wenn wir weiterhin Wärme zuführen, wird der Dampf als Gas zum Bestandteil der Luft. So wie der Dampf eine höhere Ebene einnimmt als das Wasser, so befindet sich die Luft auf einer höheren Ebene als der Dampf. Alles ist miteinander verbunden.

Dies ist eines der wichtigsten Gesetze des Universums: die fortlaufende Umwandlung von Energie. Energie nimmt ständig eine neue Form an, bewegt sich durch diese Form und verlässt die Form wieder. Dasselbe kannst du auch. Du bist ein spirituelles Wesen, hast einen Intellekt und lebst in einem physischen Körper. Was ist die höchste Funktion, zu der wir fähig sind? Das Denken. So wie der Geist sind auch deine Gedanken allgegenwärtig. Du kannst unter Wasser denken, in der Luft oder während du die Straße entlanggehst. Durch dein Denken verknüpfst du Gedanken zu einer Idee.

Sieh dir irgendeinen Gegenstand an: Irgendwann mal war er nichts weiter als eine Idee. Ein Ziel ist auch eine Idee. Wenn ich an dieser Idee lange genug festhalte, muss sie eine Form annehmen. Das ist ein absolutes Gesetz unseres Daseins. Es ist ein wunderschönes Konzept, das aber leider den meisten entgeht.

Wenn du dir andere Ergebnisse wünschst, musst du dein Denken ändern. Und wenn du dir einen anderen Kontostand wünschst, musst du ebenfalls dein Denken ändern. Dein Geist befindet sich in jeder Zelle deines Körpers. Du findest ihn genauso in deinem Fingernagel wie in deinem Gehirn. Geist ist Bewegung. Dein Körper ist die Manifestation dieser Bewegung: Er ist ein Instrument des Geistes.

Wir können unseren Geist in zwei Teile trennen: das Bewusstsein und das Unterbewusstsein. Du denkst mit deinem Bewusstsein. Hier sitzt auch dein Intellekt.

Dein Bewusstsein versetzt dich in die Lage, alles zu denken, was du willst. Der jüdische Psychoanalytiker Viktor Frankl wurde im Zweiten Weltkrieg in einem Konzentrationslager gefangen gehalten. Er schrieb seine Erlebnisse in einem wunderbaren Buch nieder mit dem Titel *Trotzdem Ja zum Leben sagen*. Darin schreibt er, dass unabhängig von den seelischen oder körperlichen

Misshandlungen, denen er ausgesetzt war, ihn niemand dazu zwingen konnte, etwas zu denken, das er nicht denken wollte.

Dasselbe trifft auch auf dich zu. Niemand kann dich zwingen, etwas zu denken, was du nicht denken willst. Du hast die Fähigkeit zu wählen. Das Unterbewusstsein ist dein emotionaler Geist und unterscheidet sich stark vom Bewusstsein. Es kann nichts ablehnen, so wie es deinem Bewusstsein möglich ist. Es muss alle Gedanken akzeptieren, die du ihm präsentierst. Es verhält sich so wie der Erdboden, der jede Pflanze sprießen lässt, die du ihm einpflanzt. In seiner bekannten Tonaufnahme „Das seltsamste Geheimnis“ sagte der Motivationsredner Earl Nightingale, dass man Zuckermais oder auch die hochgiftige Tollkirsche pflanzen kann und dass die eine Pflanze genauso gedeihen wird wie die andere. Dein Unterbewusstsein kennt keinen Unterschied zwischen Vorstellung und Realität.

Wir sind in der Lage, bewusst zu denken. Nehmen wir mal an, du willst dein Leben verändern. Wie stellst du das an? Du überlegst dir, wie genau dein Leben aussehen soll.

Dann formulierst du für jeden einzelnen Lebensbereich eine schriftliche Charakterisierung deines Traumlebens, und zwar in der Gegenwartsform. Wenn du diese Idee an dein Unterbewusstsein übergibst, kann es nicht wissen, dass es sich bloß um ein Vorstellungsbild handelt. Es akzeptiert sie als real. Du hast dein wunderschönes Bild in der Gegenwartsform ausformuliert. Sobald du es deinem Unterbewusstsein aufprägst, kommst du in eine Schwingung, die alles zu dir heranzieht, was mit diesem Bild harmoniert.

Formuliere für jeden einzelnen Lebensbereich eine präzise schriftliche Charakterisierung deines Traumlebens. Verwende hierfür die Gegenwartsform und fokussiere dich darauf. Dann wird dein Unterbewusstsein dieses Vorstellungsbild als real akzeptieren und entsprechend handeln.

Heutzutage strömen Unmengen von Informationen in dein Bewusstsein, durch die sozialen Netzwerke, durch andere Menschen, durch das Fernsehen und andere Medien. Aber dennoch bist du in der Lage zu denken. Du kannst dir sagen: „Ich will diese ganzen Infos nicht. Ich will nichts von alledem.“

Das Problem ist nur, dass wir es nicht tun. Warum?

Weil wir nicht denken; wir lassen unseren bewussten Geist weit geöffnet. Die ganze Negativität dringt direkt in unser Unterbewusstsein ein, das ja unfähig ist, sie abzulehnen, und so gelangen wir in eine negative Schwingung.

Aber wieso machen wir das? Wir wurden darauf programmiert, so zu leben, und zwar aufgrund unseres Paradigmas, das aus einer Vielzahl von im Unterbewusstsein fixierten Gewohnheiten besteht.

Dieses Paradigma stammt nicht von uns. Es wurde uns in unserer Kindheit aufgeprägt. Im Kindesalter nahmen wir alles, was um uns herum geschah, direkt in unser Unterbewusstsein auf, da es damals noch weit geöffnet war. Deshalb lernen wir als Kind die Sprache, die die Menschen in unserer Umgebung sprechen.

Wenn du in eine englischsprachige Familie hineingeboren wirst und dann in eine Familie in einem Vorort von Peking kommst, lernst du fließend Chinesisch sprechen und kannst kein Wörtchen Englisch. Und warum? Weil du dort von Menschen umgeben wärst, die nur Chinesisch sprechen.

Alles, was dich umgibt, nimmst du in dein Unterbewusstsein auf. Ich wurde 1934 während der großen Wirtschaftskrise geboren und um mich herum gab es nichts als Mangel und Beschränkungen. Als ich dann später als kleines Kind zur Schule ging, brach der Zweite Weltkrieg aus und alles wurde rationiert. Der ganze Mangel und all die Einschränkungen setzten sich als Programme in meinem Unterbewusstsein fest.

Wusstest du, dass das Bild, das du dir von dir selbst machst, in deiner frühen Kindheit entstand? Du hast dieses Bild nicht gewählt, sondern es wurde von anderen gestaltet. Du hast es zwar nicht kreiert und bist auch nicht dafür verantwortlich, aber es liegt in deiner Verantwortung, es zu ändern. Wenn du Beschränkungen in dir trägst, so stammen sie zwar nicht von dir, aber es liegt an dir, sie zu ändern. Und wir sind sehr wohl in der Lage, uns zu verändern.

Ein Paradigma ist ein mentales Programm, das unser gewohnheitsmäßiges Verhalten fast vollständig kontrolliert.

Und fast unser gesamtes Verhalten beruht auf Gewohnheiten. Wir wurden in unserem Unterbewusstsein darauf programmiert, auf eine bestimmte Weise zu denken und zu leben.

Ein Paradigma ist ein mentales Programm, das

unser gewohnheitsmäßiges Verhalten fast vollständig kontrolliert.

Ich möchte dich nun um Folgendes bitten: Sieh dir deine Resultate an. Sollten sie dir nicht allzu gut gefallen, dann solltest du beschließen, sie zu ändern.

In einem sehr jungen Alter kommen wir in die Schule. In der Schule bringt man uns sehr wertvolles Wissen bei, aber wir lernen dort praktisch nichts über Paradigmen und deshalb tun wir nicht das, was wir eigentlich tun könnten. Obwohl wir in unserem bewussten Verstand wissen, wie es geht, bestimmt das Paradigma unser Verhalten. Und so verfügen wir über ein überlegenes Wissen und erzielen doch nur bescheidene Ergebnisse und das führt zu Verwirrung und Frustration.

Die Resultate mancher brillanten Menschen sind einfach nur fürchterlich. Sie sind richtig klug und doch pleite. Sie sind zwar sehr intelligent, aber sie wissen nicht, wie man Beziehungen zu anderen Menschen aufbaut. Nicht ihr Wissen dirigiert ihr Leben, sondern ihr Paradigma. Wenn sie andere Resultate haben wollen, müssen sie ihre Paradigmen ändern.

Mit deinem Bewusstsein, mit deinem Verstand, kannst du bestimmen, ob du dein Paradigma ändern willst. Mit deinem Verstand kannst du deine Emotionen kontrollieren. Deine Emotionen bestimmen über deine Schwingung, und deine Schwingung bestimmt darüber, was du anziehst.

Die Faktoren des Intellekts sind Wahrnehmung, Wille, Vorstellungskraft, Gedächtnis, Intuition und der logische Verstand. Das Problem ist nur, dass man uns in der Schule nichts darüber beibringt. Wir besitzen all diese wunderbaren Fähigkeiten, wir könnten sie nutzen und damit unsere Schwingung anheben, aber wir wissen nicht mal, dass wir sie haben.

Was immer auch zum Lob der Armut gesagt werden kann, so bleibt doch die Tatsache bestehen, dass es nicht möglich ist, ein wirklich erfülltes oder erfolgreiches Leben zu führen, wenn man nicht reich ist. Manche mögen mir hier widersprechen und meinen, dass man kein Geld braucht, um glücklich zu sein. Aber ich sage hier etwas anderes. Ich sage, dass es nicht möglich ist, ein wirklich erfülltes oder erfolgreiches Leben zu führen, wenn man nicht reich ist. Wir können nicht zum größtmöglichen Grad der Entwicklung unserer Talente und der Entfaltung unserer Seele gelangen, wenn wir nicht sehr viel Geld besitzen. Um unsere Seele entfalten und unsere Talente entwickeln zu können, müssen wir über viele materielle Dinge verfügen, und diese Dinge können wir nur erhalten, wenn wir genug Geld haben, um sie zu erwerben.

Deine Essenz ist geistiger Natur. Das Geistige ist perfekt und strebt immer danach, sich zu erweitern und sich noch vollständiger auszudrücken. Wir können nur dann unsere höchstmögliche Größe erreichen, wenn wir sehr viel Geld besitzen. Ein Mensch entwickelt seinen Geist, seine Seele und seinen Körper, indem er über Dinge verfügt, und unsere Gesellschaft ist so organisiert, dass man Geld braucht, um in den Besitz von materiellen Dingen zu gelangen. Dies ist der Kern einer jeden Handelstätigkeit. Geld ist ein Tauschmittel für die Produkte oder Dienstleistungen anderer Menschen.

Jeder von uns hat das Recht auf Leben. Dieses Recht ist gleichbedeutend mit dem Recht auf freien und unbeschränkten Gebrauch aller materiellen Dinge, die für unsere vollkommene mentale, spirituelle und körperliche Entfaltung notwendig sind – in anderen Worten, mit unserem Recht auf Reichtum. Wir haben das Recht, reich zu sein.

Wirklich reich zu sein bedeutet, sich nicht mit wenig zufriedenzugeben. Du meinst jetzt vielleicht: „Ich brauche das alles nicht, um über die Runden zu kommen“. Stimmt, du brauchst das alles nicht. Morgens kommen Eichhörnchen an meine Haustür, um sich die Mandeln zu holen, die ich ihnen zuwerfe. Aber ich will nicht wie ein Eichhörnchen leben. Ich will nicht darauf warten, dass mir jemand etwas zuwirft. Ich will in Würde leben, ich will in der Fülle leben und ich will in all meinem Denken und Tun ein Menschenfreund sein. Ich will allen helfen. Und warum nicht, wenn ich dazu fähig bin?

Wirklich reich zu sein bedeutet, dich nicht mit wenig zufriedenzugeben, wenn du fähig bist, mehr zu nutzen und zu genießen. Sinn und Zweck der Natur ist die Weiter- oder Höherentwicklung des Lebens. Ich bin überzeugt, dass wir hier sind, um Gottes Werk zu vollbringen. Gottes Werk ist das höchste Gut. Gott strebt stets nach Ausdruck, Erweiterung und dem größeren Guten. Wenn du hier bist, um Gottes Werk zu vollbringen, dann bist du hier, um Gutes zu erschaffen. Und gestaltest du wahrhaft Gutes? Gibst du dich damit zufrieden, nichts für das größere Gute tun zu können, da du knapp bei Kasse bist? Dann steigere dein Einkommen. Jeder Mensch kann mehr verdienen. Es gibt keine Grenze dafür. Das ganze Geld der Welt steht dir zur Verfügung, du brauchst es dir nur zu verdienen. Die Aufgabe der Natur ist die Weiter- und Höherentwicklung des Lebens. Jeder Mensch sollte alles haben, was er braucht, um zur Macht, Eleganz, Schönheit und Fülle des Lebens beizutragen. Wenn du alles besitzt, was du dir wünschst, um all das zu erleben, was zu erleben du fähig bist, dann bist du reich.

Du kannst nicht alles haben, was du willst, ohne viel Geld zu besitzen. Das Leben hat sich so weit entwickelt und ist so komplex geworden, dass selbst der einfachste Mensch großen Reichtum benötigt, um auf eine Weise zu leben, die völliger Entfaltung auch nur nahekommt. Es ist nur natürlich, dass du alles erreichen willst, was du zu erreichen im Stande bist.

Dieses Verlangen, unser angeborenes Potential zu verwirklichen, ist in der menschlichen Natur verwurzelt. Es gibt in dir etwas, das wachsen will. Die Menschen, die sich in ihrem Tun nicht voll entfalten, sind sehr frustriert. Du musst einen Weg finden, dein Talent auszudrücken. Du musst dem, wozu du fähig bist, Ausdruck verleihen.

Ich glaube fest daran, dass wir alle dazu veranlagt sind, irgendetwas sehr gut zu beherrschen. Ich bin überzeugt, dass du Talent hast. In dir liegt ein Talent und wenn du es nicht nutzt, kannst du dein Leben nicht genießen.

Es gibt drei Gründe, warum wir leben. Wir leben

für den Körper, für den Geist und für die Seele. Keiner dieser drei Aspekte ist besser als die anderen. Alle sind gleich wichtig und weder Körper, Geist noch Seele können völlig lebendig sein, wenn einer der beiden anderen Aspekte am vollen Lebensausdruck gehindert wird. Es ist nicht gut oder edel, nur für die Seele zu leben und den Geist oder den Körper zu verleugnen. In Armutsgelübden sehe ich überhaupt keinen Sinn. Genauso ist es falsch, nur für den Intellekt zu leben und den Körper und die Seele zu verleugnen. Wir müssen alle drei Aspekte ausleben. Im ersten Kapitel des Buches *Die Wissenschaft des Reichwerdens* schreibt Wallace Wattles:

> Es ist absolut in Ordnung, dass du danach strebst, reich zu sein. Wenn du ein normaler Mann oder eine normale Frau bist, kannst du dich dem nicht entziehen. Es ist völlig in Ordnung, dass du der Wissenschaft des Reichwerdens deine volle Aufmerksamkeit widmest, denn es ist das edelste und notwendigste Studium. Wenn du dieses Studium vernachlässigst, dann kannst du deiner Pflicht dir selbst, der Menschheit und Gott gegenüber nicht nachkommen, denn du kannst Gott und der Menschheit keinen größeren Dienst erweisen, als das Beste aus dir zu machen.

Willst du etwas für die Welt tun? Dann hole das Beste aus dir heraus. Gib bei allem, was du tust, dein Allerbestes.

Schriftliche Übungen für die drei Elemente, die unser Leben ausmachen:

1. ***Körper*** - Beschreibe deinen idealen Körper, sowohl was die Gesundheit als auch das Aussehen betrifft.
2. ***Geist*** - Wie steht es um dein Gedächtnis? Wie kreativ bist du? Beschreibe drei Ideen, wie du deine mentalen Fähigkeiten verbessern kannst.
3. ***Seele*** - Beschreibe klar und deutlich, welche Aktivitäten dir ein tiefes Gefühl der Zufriedenheit schenken und dich lebendig fühlen lassen.

Kapitel 2

Nutze die Gesetze

Es gibt eine Wissenschaft des Reichwerdens, und es ist eine exakte Wissenschaft, so wie Algebra oder Arithmetik. Es gibt ganz bestimmte Gesetze, die den Aufbau von Reichtum bestimmen, und wenn du diese Gesetze erlernst und befolgst, dann wirst du mit mathematischer Sicherheit reich.

– DIE WISSENSCHAFT DES REICHWERDENS

Im Jahr 2006 wurde das Gesetz der Anziehung durch den Film *The Secret – Das Geheimnis* von Rhonda Byrne sehr bekannt. Schon bald nach der Veröffentlichung des Films erschienen viele Bücher über das Gesetz der Anziehung. Allerdings haben es die meisten Autoren nicht wirklich begriffen; es gibt nur wenige Menschen, die es in der Tiefe verstehen.

Das Gesetz der Anziehung ist in Wahrheit ein nachgeordnetes Gesetz. Es existiert nur ein großes

Gesetz. Die Theologie sagt uns, dass dieses eine große Gesetz so lautet: Gott IST. Gott kann man weder erschaffen noch zerstören, Gott ist Ursache und Wirkung seiner selbst und Gott ist zu jeder Zeit allgegenwärtig. Die Wissenschaft beschreibt dieses Gesetz so: Energie ist.

Alle Natur- und Geisteswissenschaften beruhen auf diesem einen großen Gesetz und seinen sieben untergeordneten Gesetzen, die miteinander zusammenwirken.

Die sieben übergeordneten Gesetze des Universums

- Das Gesetz der Schwingung
- Das Gesetz der fortlaufenden Umwandlung
- Das Gesetz der Relativität
- Das Gesetz der Polarität
- Das Gesetz des Rhythmus
- Das Gesetz von Ursache und Wirkung
- Das Gesetz des Geschlechts

Das Gesetz der Schwingung ist eines dieser übergeordneten Gesetze. Alles ist in Bewegung und nichts steht still. Wusstest du, dass selbst eine Leiche im Sarg sich bewegt? Du denkst jetzt vielleicht: „Na hör mal, tot ist tot“. Aber nichts ist tot. Nichts wird erschaffen oder zerstört. Alles ist in einer konstanten Evolution des Wandels begriffen.

Überleg‘ mal: Wie könnte sich der tote Körper im Sarg je in Staub verwandeln, ohne sich zu bewegen? Alles ist ständig in Schwingung. Die Wände in dem Raum, in dem du dich befindest, bewegen sich. Sie scheinen zwar stillzustehen, aber nichts steht still. Alles ist in Bewegung. Wir leben in einem Ozean aus Bewegung.

Aus diesem Grund bestimmen meine Gedanken, und besonders die, mit denen ich emotional verbunden bin, über die Schwingung, in der ich mich befinde. Ich kann nur das anziehen, was im Einklang mit mir schwingt. Wenn ich in einer negativen Schwingung bin, ziehe ich Schlechtes an. Wenn ich in einer positiven Schwingung bin, ziehe ich Gutes an.

Als Präsident John F. Kennedy Wernher von Braun fragte: „Was ist nötig, um eine Rakete zu bauen, die einen Menschen zum Mond und sicher wieder zurück auf die Erde bringt?“, gab von Braun zur Antwort: „Der Wille, es zu tun“.

Eine schicksalsträchtige Unterhaltung mit Präsident Kennedy:

Präsident John F. Kennedy:
„Was ist nötig, um eine Rakete zu bauen, die einen Menschen zum Mond und sicher wieder zurück auf die Erde bringt?"

Wernher von Braun: „Der ***Wille***, es zu tun".

Der Wille ist die mentale Fähigkeit, die uns in die Lage versetzt, eine einzelne Idee auf unserem geistigen Bildschirm festzuhalten und alle äußeren Ablenkungen auszublenden. Die meisten können eine Idee nur eine oder zwei Sekunden lang auf ihrem geistigen Bildschirm festhalten, aber diese Fähigkeit lässt sich erlernen.

Hier ist eine Technik dafür: Male gegenüber von deinem Lieblingsstuhl einen kleinen Punkt an die Wand. (Erzähle aber niemandem davon. Falls jemand den Punkt sieht, wird er ihn für eine Fliege halten.) Wenn du dann auf diesem Stuhl sitzt, konzentrierst du dich auf den Punkt. Richte deinen ganzen Fokus darauf. Erlaube deiner Aufmerksamkeit nicht, von dem Punkt abzuwandern. Dadurch stärkst du deinen Willen.

Das nächste ist das Gesetz der **fortlaufenden**

Umwandlung. Energie ist ständig in Bewegung. Sie nimmt dauernd eine Form an, bewegt sich durch diese Form und verlässt die Form wieder. Wir haben mit unserem Körper eine Form angenommen und bewegen uns jetzt durch diese Form.

Als nächstes kommt das Gesetz der **Relativität.** Alles ist relativ. Nichts ist groß oder klein. Schule dein Denken doch mal so: Wenn du meinst, eine Million Dollar wären viel Geld, dann nimm Stift und Papier und überlege dir Möglichkeiten, wie du zwei Millionen verdienen kannst. Dann wird dir eine Million klein erscheinen. Du hältst sie für groß, weil du sie in Relation zu 50.000 oder 150.000 Dollar betrachtest. Du musst sie klein erscheinen lassen.

Ich unterhielt mich mal mit Peggy McColl, einer Expertin für Persönlichkeitsentwicklung. Sie erzählte mir, dass sie und ihr Mann auf der Suche nach einem Haus waren. Sie hatte eins gesehen, das ihr wirklich gefiel; allerdings lag es eine Million Dollar über ihrem veranschlagten Budget. Ich sagte zu ihr: „Lass‘ die Million klein erscheinen“. Nach wenigen Tagen schickte mir Peggy eine E-Mail mit dem Umschlagentwurf für ein neues Buch mit dem Titel *Make a Million Look Small.*

Dann gibt es das Gesetz der **Polarität**. Es besagt,

dass es zu allem ein Gegenteil gibt. Dein Zuhause kann kein Innen haben, wenn es nicht auch ein Außen gibt.

In meinem Büro steht ein Schreibtisch. Er ist ungefähr einen Meter hoch. Es ist nicht weit vom Fußboden bis zu seiner Oberkante, also ist es auch nicht weit von der Oberkante bis zum Fußboden. Es ist nicht möglich, dass der eine Abstand größer ist als der andere. Das ist das Gesetz der Polarität – zu allem gibt es ein gleichwertiges Gegenteil.

Als nächstes haben wir das Gesetz des **Rhythmus**. Es gibt immer Höhen und Tiefen und das Pendel schwingt ständig zwischen beidem hin und her. Bei Flut strömt das Wasser herein, bei Ebbe fließt es hinaus. Der Tag folgt auf die Nacht. Dein Biorhythmus beeinflusst dich auf allen Ebenen, geistig, emotional und körperlich.

An manchen Tagen bist du in geistiger Hochform. An anderen Tagen hast du einen Tiefpunkt; du bringst nichts zustande und kannst nicht logisch denken. Manchmal, wenn du eine Zahlenreihe addieren willst, kommst du bei fünf Versuchen jedes Mal auf ein anderes Ergebnis. Und an anderen Tagen stimmt deine Rechnung gleich auf Anhieb.

Wenn du emotional gut drauf bist, würdest du am liebsten den Weg runter hüpfen; du hilfst einer alten

Dame über die Straße und streichst einem kleinen Kind über den Kopf. Aber an anderen Tagen denkst du: „Was macht die Alte da? Kind, geh‘ mir aus dem Weg!“ Manchmal fühlt sich dein Körper schlapp und müde an und zu anderen Zeiten frisch und voller Energie.

Kommen wir zum Gesetz von **Ursache und Wirkung**. Jede Ursache führt zu einer Wirkung, und diese Wirkung wird zu einer neuen Ursache, die wiederum eine Wirkung nach sich zieht. Dies nennt man eine Kausalkette. Und es gilt auch: Was du gibst, erhältst du zurück. Wenn du deinen Mitmenschen einen großen Dienst erweist, erhältst du dafür eine große Belohnung.

Als letztes gibt es das Gesetz des **Geschlechts**. Es besagt, dass alle Samen eine bestimmte Reifezeit benötigen. Wenn du einen Samen pflanzt, braucht er eine bestimmte Zeitspanne, um eine Form zu manifestieren. Die Zeit des Heranreifens beträgt bei einem menschlichen Baby ungefähr 280 Tage.

Dies sind die grundlegenden Gesetze. Alle anderen sind davon abgeleitet. Wir bezeichnen diese als nachgeordnete Gesetze. Wenn du die Gesetze studierst und im Einklang mit ihnen dein Bestes gibst, bist du im Leben ein Gewinner.

Die beste Definition eines *Naturgesetzes* lautet wahrscheinlich so: Es ist die gleichförmige und geordnete Methode des allmächtigen Gottes. Mit anderen Worten: es ist Gottes Vorgehensweise. Im Unterschied zu allen anderen Lebensformen der Schöpfung haben wir den freien Willen erhalten. Mit dieser Entscheidungsfreiheit kommt aber auch eine gewisse Verantwortung.

Markiere diesen Abschnitt, denn er ist sehr wichtig: *Die Fähigkeit zu wählen, befreit dich nicht von den Konsequenzen deiner Wahl.* Anders ausgedrückt, wenn du einen Fehler machst, musst du dafür bezahlen. Du kannst zwar sagen: „Das wusste ich nicht“, aber das Gesetz ist hart. Wenn du etwas falsch machst, fällt es auf dich zurück. Die Gesetze sind immer wirksam und sie haben eine wunderbare Art, die Dinge auszugleichen.

Wir alle unterliegen den Gesetzen. Und wenn wir sie nicht verstehen, werden wir rechts und links immer wieder anecken. Du solltest die Gesetze aber nicht als etwas Schlechtes ansehen. Betrachte sie als etwas Notwendiges, damit wir unsere Ziele erreichen können.

„Die Fähigkeit zu wählen, befreit dich nicht von den Konsequenzen deiner Wahl."
- Bob Proctor

Die Fähigkeit zu wählen, befreit uns nicht von den Konsequenzen unserer Wahl. Die Gesetze, die jeden einzelnen Menschen regieren, sind so präzise wie jene, die das materielle Universum lenken. Du kannst in Übereinstimmung mit diesen Gesetzen handeln oder du kannst sie ignorieren, aber du kannst sie auf keine Weise abändern. Du wirst sie niemals umschreiben. Ganz gleich, wie viel Macht du hast, welche Position du bekleidest oder wie viel Geld du besitzt, du kannst die Gesetze nicht modifizieren. Du unterliegst den Gesetzen. Und es ist gut für dich, wenn du im Einklang mit ihnen lebst, denn dann bist du ein Gewinner.

Das Gesetz gilt immer und verpflichtet dich zu strenger Rechenschaft. Unwissenheit wird nicht im Geringsten geduldet. Das Gesetz der Anziehung wird dir das, was du nicht willst, genauso schnell und sicher liefern, wie das, was du dir wünschst. Wenn du deine Zeit damit verbringst, an das zu denken, was du nicht willst, wirst du es bekommen, und zwar so sicher, wie es heute Abend dunkel wird.

Wattles meint dazu:

> Der Besitz von Geld und Eigentum ist das Ergebnis davon, dass wir uns auf eine bestimmte Art und Weise verhalten,

das heißt den Gesetzen entsprechend. Diejenigen, die sich auf diese bestimmte Art und Weise verhalten, sei es absichtlich oder rein zufällig, werden reich. Diejenigen hingegen, die sich nicht auf diese bestimmte Art und Weise verhalten, werden es zu nichts bringen.

Es ist ein Naturgesetz, dass gleiche Ursachen stets gleiche Wirkungen hervorrufen. Daher wird jeder Mensch unausweichlich reich, wenn er lernt, sich auf diese bestimmte Art und Weise zu verhalten. (…)

Das Reichwerden hat nichts mit dem Umfeld zu tun, denn, wenn es so wäre, würden alle Menschen in bestimmten Gegenden reich werden. Die Bewohner einer Stadt wären alle reich, während die Einwohner anderer Städte alle arm wären. Die Einwohner eines Staates wären alle wohlhabend, während diejenigen eines benachbarten Staates in Armut leben würden.

Wir sehen jedoch häufig, wie Arm und Reich in derselben Umgebung leben und sogar oft derselben Beschäftigung nachgehen. Wenn von zwei Menschen in derselben Stadt und in demselben Geschäftszweig einer reich wird, während der andere arm bleibt, so zeigt dies, dass das Reichwerden nicht in erster Linie vom Ort abhängt. Einige Umgebungen mögen günstiger als andere sein, aber wenn zwei Menschen in demselben Geschäftszweig tätig sind und dies im selben Stadtviertel, und einer wird reich, während der andere versagt, so zeigt uns dies, dass das Reichwerden das Ergebnis davon ist, sich auf eine bestimmte Art und Weise zu verhalten.

Wenn du in einem Stadtviertel mit vielen finanzschwachen Menschen wohnst, wirst du wahrscheinlich nicht viele kreative, energiegeladene Gedanken mitbekommen. Aber auch, wenn du im reichsten Stadtviertel lebst, kannst du dich trotzdem fürchterlichen Gedanken hingeben und das macht dich zum Verlierer.

Manche Menschen, denen es sehr gut geht, wissen überhaupt nichts von diesen Konzepten, aber sie verhalten sich dennoch so, dass sie reich werden. Sie besitzen eine *unbewusste Kompetenz*. Sie verstehen zwar nicht, wie sie es machen, aber ihr Paradigma ist darauf programmiert, im Einklang mit den Gesetzen zu leben. Ihr Unterbewusstsein hilft ihnen voranzukommen, aber sie sind sich nicht ganz sicher, was da eigentlich vor sich geht. Viele Seminarteilnehmer sagen zu mir: „Was Sie da lehren, mache ich schon seit langem“. Es war ihnen bloß nicht bewusst, dass sie im Einklang mit den Gesetzen handelten.

Wenn wir uns nun in diese Thematik vertiefen, wirst du bemerken, dass hier reine Magie am Werk zu sein scheint. Das Paradigma ist der Dämon, der uns zurückhält. Dieses mentale Programm besitzt die beinahe vollständige Kontrolle über unser gewohnheitsmäßiges Verhalten – und fast unser gesamtes Verhalten beruht auf Gewohnheiten.

Dein Paradigma hat einen großen Einfluss auf viele Lebensbereiche, wie zum Beispiel auf deine Wahrnehmung. Du wirst sehen, dass es sich bei der Wahrnehmung um ein sehr kraftvolles Werkzeug handelt. Wenn du die Welt anders wahrnimmst, verändert sich für dich alles. Mein Freund Wayne Dyer formulierte dies so: „Wenn wir die Dinge anders betrachten, ändern sich die betrachteten Dinge". Und das stimmt absolut.

Dein Paradigma bestimmt darüber, was du mit deiner Zeit anfängst, und es steuert auch deine Kreativität. Jeder Mensch besitzt Kreativität, keiner ist kreativer als ein anderer. Manche drücken ihre Kreativität nur stärker aus als andere.

Auch deine Effizienz wird durch dein Paradigma gesteuert. Ich verbessere ständig mein Paradigma und im gleichen Maß steigt meine Effizienz. Je effizienter du vorgehst, umso produktiver wirst du auch. Wir sollten die Messlatte stets noch höher legen.

Das Paradigma bedient sich auch unserer Logik. Wir sind darauf programmiert, uns von der Logik ausbremsen zu lassen. Es scheint fast so, als wären wir von einer von uns selbst errichteten Mauer umgeben. Immer, wenn wir etwas verändern wollen, stoppt uns diese Mauer. Aber sobald wir beschließen, unser Paradigma zu ändern, bricht die Mauer zusammen.

Sobald du bewusst und mit voller Absicht im Einklang mit den Gesetzen lebst, erfährst du eine Veränderung, die nicht nur gewaltig, sondern auch dauerhaft ist – und alles wird sich ständig verbessern. Wenn du deine Wahrnehmung änderst, damit sie mit den Gesetzen harmoniert, wird dein Einkommen explodieren. So funktioniert das immer.

Der dänische Philosoph Søren Kierkegaard meinte: „Wir kommen erst dann mit unserer eigenen Quelle der Intuition und Weisheit in Berührung, wenn wir nicht mehr von der Meinung anderer abhängig sind in Bezug auf unsere Identität oder unseren Wert. Wir alle neigen dazu, etwas zu verehren. Die Frage ist nur, verehren wir den Gott der Meinungen oder den Gott unseres Herzens? Ich merkte, dass ich immer weniger zu sagen hatte, bis ich schließlich schwieg und hinzuhören begann. In der Stille entdeckte ich die Stimme Gottes."

„Die Frage ist nur, verehren wir den Gott der Meinungen oder den Gott unseres Herzens?"
- Søren Kierkegaard

Die geistige Welt spricht durch deine Intuition zu dir. Bitte das Universum oder die geistige Welt um eine Antwort, wenn du ein Problem lösen willst. Du wirst eine Antwort erhalten, aber du musst auch empfänglich dafür sein. Deine Intuition wird dir die Antwort geben. Du bekommst dann dieses Gefühl „ja, ich hab's!". Das ist es, was Kierkegaard hier meint.

Sehen wir uns nun die Gesetze etwas genauer an. Das Gesetz der fortlaufenden Umwandlung – was ist damit gemeint? Damit ist gemeint, dass alles ständig eine Form annimmt. Es gibt die spirituelle, die mentale und die physische Welt. Wir bewegen uns von einer höheren zu einer niedrigeren Form.

Was ist die höchste mentale Form? Die höchste Form sind unsere Gedanken. Auf mentaler Ebene werden Gedanken zu einer Idee, und wenn wir lange genug an dieser Idee festhalten, wird sie schließlich eine physische Form annehmen. Das ist die fortwährende Umwandlung von Energie. Die Idee bewegt sich von einem höheren in einen niedrigeren Zustand und erhält eine physische Form. Wenn du mit Energie umgehst, bewegst du dich stets von einem höheren zu einem niedrigeren Zustand.

Und weißt du, was wir tun sollten? Wir sollten uns vom niedrigeren zum höheren Zustand hinbewegen. Und doch blicken wir nach außen und lassen zu, dass unsere Resultate unser Denken bestimmen. Sorge dafür, dass deine Gedanken über deine Ergebnisse bestimmen. Das ist die fortlaufende Umwandlung von Energie.

Sobald wir unsere Gedanken dazu bringen, eine Form anzunehmen, kommt das Gesetz der Relativität ins Spiel. Hier siehst du drei Fässer: A, B und C. Ist B groß oder klein? Weder noch. B ist einfach. B ist nur groß im Vergleich zu A. Und es ist nur klein, wenn du es mit C vergleichst. Immer, wenn du es mit etwas zu tun hast, das dir zu groß vorkommt, solltest du es mit etwas noch Größerem vergleichen. Mache es klein. Reduziere es bis ins Lächerliche und du wirst erkennen, dass du loslegen und es verwirklichen kannst.

Drei Fässer – groß oder klein?

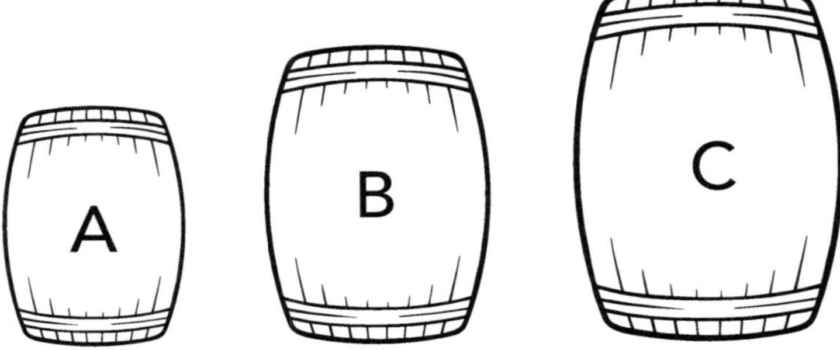

Das Gesetz der Schwingung besagt, dass sich alles in Bewegung befindet. Mit unserem großartigen Geist können wir diese Schwingung aufnehmen. Alles, was wir anziehen, erreicht uns durch das Gesetz der Schwingung. Unsere Schwingung bestimmt darüber, was wir anziehen.

Bei der Wissenschaft des Reichwerdens geht es um Energie. Jede Energieform hat mit Frequenzen zu tun. Eine Frequenz ist eine bestimmte Schwingungsebene, und es gibt eine unendliche Anzahl von Frequenzen. Wir können nur Dinge anziehen, die unserer Schwingungsfrequenz entsprechen. Warum kommt eine Verbindung zustande, wenn ich dich anrufen will? Weil wir beide auf derselben Frequenz sind. Stimme dich auf die Frequenz deiner ersehnten Realität ein und du kannst gar nicht anders, als diese Realität zu erschaffen. Es kann gar nicht anders sein. Das hat nichts mit Philosophie zu tun. Es ist reine Physik.

Da alles Energie ist, besteht auch die Geldmenge, die du haben willst, aus Energie. Dein ersehntes Haus oder Geschäft – alles ist Energie. Wenn du denkst, dass ein Problem auf dich zukommt und du deine Zielrichtung von äußeren Umständen abhängig machst, dann wird dieses Problem erscheinen und die äußeren Umstände werden dir tatsächlich deine Richtung vorschreiben. Aber wenn du weißt, dass du ein geistiges Vorstellungsbild erschaffen, dich auf die richtige Frequenz einschwingen und dich entsprechend deinem Ziel verhalten musst, so wirst du es erhalten. Genau so funktioniert es.

Hier ist eine gute Betrachtungsweise für das Gesetz der Polarität. Damit behältst du, unabhängig von den Geschehnissen, die Kontrolle über dein Leben. Wenn wir uns eine Situation in unserem Leben ansehen, die nur ein klein wenig Schlechtes hat und sie von der anderen Seite betrachten, dann hat sie auch nur ein klein wenig Gutes an sich. Ein kleines Problem bringt dir nur einen kleinen Gewinn. Jeder kluge Berater, der ein Unternehmen analysiert, sucht nach einem großen

Problem, denn wenn er ein großes Problem findet, dann existiert auch eine große Lösung und diese bringt ihm eine große Belohnung.

Hier ist ein Drei-Schritte-Prozess, wie du das Gesetz der Polarität für dich nutzen kannst. Es stammt von dem spirituellen Führer und Geistlichen Michael Beckwith.

1. Akzeptiere es, was immer es auch ist. Entweder du kontrollierst es oder es wird dich kontrollieren.
2. Ernte das Gute daran. Je mehr du nach dem Guten suchst, umso mehr wirst du finden. Es gibt in allem etwas Gutes. Gott ist immer gut.
3. Vergiss den Rest. Lass ihn einfach los. Lass ihn gehen, lass ihn vollständig gehen.

Damit kannst du das Gesetz der Polarität hervorragend für dich nutzen.

Sehen wir uns nun das Gesetz des Rhythmus an. Manchmal kommt dir dein Leben wie eine Achterbahn vor. So funktioniert das Gesetz des Rhythmus: Es gibt Höhen und es gibt Tiefen.

Eines musst du verstehen: Jeder Mensch ist diesem Gesetz unterworfen. Niemand bekommt eine Ausnahmegenehmigung. Niemand wir von ihm verschont – auch nicht die Klügsten oder Reichsten. Du kannst ihm nicht entkommen.

Mach dir klar, dass etwas Gutes auf dich zukommt, wenn du gerade in einer Tiefphase bist. Morgen wird alles besser. Erwarte stets das Beste, denn so wirkt das Gesetz. Auf einen Abschwung folgt immer wieder ein Aufschwung. Nach dem Winter kommt immer wieder der Sommer. Auf einen Winter folgt niemals noch ein Winter.

Werfen wir nun einen Blick auf das Gesetz des Geschlechts. Es besagt, dass alles eine weibliche und eine männliche Seite hat. In der gesamten Schöpfung existiert eine männliche und eine weibliche Energie. Unabhängig von der sexuellen Präferenz besitzt jeder Mann einen weiblichen Aspekt und jede Frau einen männlichen. Wir alle hätten einen Vorteil davon, wenn wir mehr über die andere Seite von uns selbst lernen würden.

„In allem steckt sowohl die weibliche Energie Yin als auch die männliche Energie Yang. Yin ist eine passive, empfangende Energie, während Yang eine aktive Energie ist."

Da wir alle aus Energie bestehen, gilt das Gesetz des Geschlechts auch für die Dynamik zwischen Energien. Das Konzept der weiblichen und männlichen Energie ähnelt stark der chinesischen Vorstellung von Yin und Yang. In allem steckt sowohl die weibliche Energie Yin als auch die männliche Energie Yang. Yin ist eine passive, empfangende Energie, während Yang eine aktive Energie ist. So wie das Gesetz des Geschlechts, erklärt auch die Lehre von Yin und Yang, warum sich Gegensätze ergänzen. Die Chinesen benutzen dieses System für einfach alles, und es ist interessant zu untersuchen, wie die Energien von Yin und Yang sich gegenseitig ausbalancieren. Zum Beispiel kann Gemüse, das besonders viel Yin-Energie enthält, ausgleichend auf einen Menschen wirken, der viel Yang-Energie in sich trägt.

Über das Gesetz von Ursache und Wirkung sollten wir alle Bescheid wissen. Alle deine Handlungen setzen eine Ursache. Deshalb solltest du unbedingt darauf achten, dass du nur gute Ursachen in die Welt setzt.

Vergiss die Idee, anderen etwas heimzahlen zu wollen. Einmal unterhielt ich mich mit einem Mann, der mal bei der Mafia war. Er meinte zu mir: „Weißt du, Bob, in unserem Geschäft steht man für seinen Partner ein. Niemand darf etwas Schlechtes über ihn sagen.

Aber wenn dich dein Partner übers Ohr haut, bringst du ihn um."

Ich dachte später darüber nach und fand, das ist keine schlechte Idee. Damit meine ich nicht, jemanden mit einer Schusswaffe umzubringen. Ich meine, wenn uns ein Mensch betrügt, sollten wir ihn aus unserem Denken eliminieren. Wir sollten ihn völlig aus unserem Leben verbannen. So mache ich das. Es gibt Leute, die mich in der Vergangenheit unfair behandelt haben. Für mich ist das Schnee von gestern. Ich bin nicht daran interessiert, es ihnen heimzuzahlen, aber werde sie es nicht ein zweites Mal versuchen lassen.

Überall im Leben begegnet uns das Konzept von Ursache und Wirkung. Sorge dafür, dass du in jeder Situation dein Bestes gibst. Gib unter jeder Bedingung dein Allerbestes. Stell dir eine Apothekerwaage vor: Dienen und Belohnung sind stets im Gleichgewicht. Das Gesetz von Ursache und Wirkung wirkt überall. Es ist wichtig, dass du es verstehst und befolgst.

Das Gesetz der Kompensation basiert auf dem Gesetz von Ursache und Wirkung. Es ist völlig klar in seiner Aussage. Du solltest es unbedingt verstehen, wenn du mehr Geld verdienen willst. Denn wenn du es nicht verstehst, gehörst du zu den Verlierern. Dieses Gesetz besagt, dass dein Einkommen stets im direkten

Verhältnis steht zum Bedarf an deiner Tätigkeit, zu deiner Fähigkeit, sie auszuüben und zu der Schwierigkeit, dich zu ersetzen. Wenn du etwas richtig gut kannst, wird man dich nur sehr schwer ersetzen können. Und da man nur sehr schwer Ersatz für dich findet, steigt der Wert deiner Arbeitskraft und dir geht es finanziell automatisch besser. All das basiert auf dem Gesetz von Ursache und Wirkung.

Studiere diese Gesetze und lerne, im Einklang mit ihnen zu leben. Vertiefe dich in sie.

Die sieben übergeordneten Gesetze des Universums:

- Das Gesetz der Schwingung
- Das Gesetz der fortlaufenden Umwandlung
- Das Gesetz der Relativität
- Das Gesetz der Polarität
- Das Gesetz des Rhythmus
- Das Gesetz von Ursache und Wirkung
- Das Gesetz des Geschlechts

Kapitel 3

Das erste Prinzip

Wie ich bereits sagte, basiert der Inhalt dieses Buches zum großen Teil auf dem Erfolgsklassiker *Die Wissenschaft des Reichwerdens* von Wallace D. Wattles. Sein viertes Kapitel ist ganz besonders wichtig: „Das erste Prinzip der Wissenschaft des Reichwerdens".

Das Kapitel beginnt so: „Materielle Reichtümer können einzig durch die Kraft der Gedanken aus der formlosen Substanz erschaffen werden. Der Stoff, aus dem alle Dinge bestehen, ist eine denkende Substanz. Der Gedanke an eine Form in dieser Substanz erschafft diese Form."

Für die Denkweise eines Durchschnittsmenschen ist das alles so weit hergeholt, dass es ihm lächerlich erscheint. Aber wenn du beginnst, mit diesem Prinzip zu arbeiten, macht es allmählich für dich sehr viel Sinn.

Nehmen wir mal zwei Personen, A und B. (Man könnte sagen, die eine steht für mein Leben vor dem 27. Lebensjahr und die andere für die Zeit danach). Beide verfügen über ein unbegrenztes Potential und beide haben die Fähigkeit zu wählen. Person B irrt herum, sie geht vor und zurück und kommt nirgendwo an. Ihre Ergebnisse sind bescheiden. Nichts geschieht. Auf der anderen Seite erlebt Person A Wohlstand, Zufriedenheit, Glück und ständiges Wachstum. Dabei haben doch beide mit denselben Talenten und Fähigkeiten begonnen.

Was ist der Unterschied? Die eine wird von ihrem Paradigma kontrolliert, die andere hat ihr Paradigma im Griff. Es kann sein, dass dein Paradigma dich bisher im Griff hatte. Wenn du dich schon seit langem abmühst und keine wünschenswerten Resultate erhältst, hat dich wahrscheinlich dein Paradigma unter Kontrolle. Triff jetzt die Entscheidung, diesen Zustand zu ändern.

Gehen wir nun einen Schritt weiter: A hat ein Ziel und ist überzeugt, dass es sich manifestieren wird. Hier haben wir den Unterschied. Die Person B hat ein Problem mit ihrem Paradigma.

Der Science-Fiction-Autor Robert Heinlein schrieb: „Wenn klar definierte Ziele fehlen, gilt merkwürdigerweise unsere Loyalität den täglichen Nichtigkeiten, bis wir schließlich zu deren Sklaven werden." Ich arbeite für zahlreiche Vertriebsorganisationen und bei einigen ihrer Vertriebspartner stelle ich oft ich keine echten Fortschritte fest. Woche für Woche und Monat für Monat ändert sich bei ihnen fast nichts.

Was ist da los? Sie beschäftigen sich mit täglichen Nichtigkeiten, bis sie schließlich zu deren Sklaven werden. Sie reden über unwichtige Dinge, die sie nicht weiterbringen und sie bewegen sich in keine zielführende Richtung, während gleichzeitig andere sich auf Wohlstand, Zufriedenheit, Glück und beständiges Wachstum zubewegen.

„Wenn klar definierte Ziele fehlen, gilt merkwürdigerweise unsere Loyalität den täglichen Nichtigkeiten, bis wir schließlich zu deren Sklaven werden."
- Robert A. Heinlein

Ich mache das so: Jeden Morgen um fünf Uhr setze ich mich hin und schreibe meine Dankbarkeitsliste. Ich beende sie mit den Worten: *Ich bin so glücklich und dankbar, dass meine spirituelle DNA perfekt ist und dass ich Vollkommenheit in mir trage. Am Beginn eines jeden Tages halte ich Ausschau nach den Bereichen meines Lebens, in welchen sich diese Vollkommenheit ständig ausdrücken soll.* Ich bin zwar Rechtshänder, aber diesen Schlusssatz schreibe immer mit der linken Hand. Warum? Es fühlt sich sehr merkwürdig und unangenehm an. Dies hilft mir zu erkennen, dass bei mir wahrscheinlich kein großes Wachstum stattfindet, wenn ich mich bei allem, was ich tue, wohl fühle. Anschließend widme ich mich meinem Studienprogramm.

Die Person B würde niemals so etwas tun. Sie würde sagen: „So früh stehe ich sowieso nicht auf. Was soll das Ganze? Das ergibt für mich überhaupt keinen Sinn." Auch für dich wird es erst dann einen Sinn ergeben, wenn du etwas von Paradigmen, von Disziplin, deinem Geist, den Spielregeln für das Gewinnen und vom Wert eines Zieles verstehst. Wenn du dein Ziel erreichen willst, musst du Dinge tun, die manchmal unbequem sind, weil du dich in Bereiche vorwagst, wo du noch nie zuvor warst.

Du musst dein Bewusstsein erhöhen und du musst an deinen Paradigmen arbeiten. Das ist absolut unabdingbar. Hierfür musst du deinen Fokus auf neue Resultate richten. Bedenke diese Worte von Wallace Wattles: „Materielle Reichtümer können einzig durch die Kraft der Gedanken aus der formlosen Substanz erschaffen werden. Der Stoff, aus dem alle Dinge bestehen, ist eine denkende Substanz. Der Gedanke an eine Form in dieser Substanz erschafft diese Form."

„Der Stoff, aus dem alle Dinge bestehen". Welche Dinge? Deine Kleidung, dein Körper, die Welt um dich herum.

Alles ist aus dieser formlosen Substanz erschaffen. Wenn du alles, was du besitzt, auf einen großen Haufen wirfst und mit einem Streichholz anzündest, geht es dorthin, woher es gekommen ist. Es stammt alles aus der formlosen Substanz. Aber Gedanken sind die einzige Kraft. Es steckt Energie in Gedanken – und du bist zum Denken fähig. Soweit wir wissen, sind wir die einzige Lebensform, die denken kann. Wattles schreibt:

> Die Ursubstanz bewegt sich entsprechend ihrer Gedanken. Alle Formen und Vorgänge, die wir in der Natur beobachten können, sind der sichtbare Ausdruck eines Gedankens in der Ursubstanz. Indem sie an eine Form denkt, nimmt sie diese Form an; indem sie an eine Bewegung denkt, führt sie diese Bewegung aus. Auf diese Weise wurden alle Dinge erschaffen. Wir leben in einer Welt aus Gedanken, und diese Welt ist Teil eines Universums aus Gedanken.

„Die Ursubstanz bewegt sich entsprechend ihrer Gedanken. Alle Formen und Vorgänge, die wir in der Natur beobachten können, sind der sichtbare Ausdruck eines Gedankens in der Ursubstanz."

- Wallace Wattles

In Wahrheit gibt es eigentlich gar keine Schöpfung. Nichts wird erschaffen oder zerstört. Wenn dies aber der Fall ist, wie kommen wir dann an materielle Dinge? Schöpfung, so wie wir sie kennen, geschieht, wenn wir eine Energieform dazu bringen, in eine andere Form von Energie überzugehen. Es entsteht etwas anderes, das nie entstanden wäre, wenn wir nicht zuerst seine energetische Gedankenform hervorgebracht hätten. Wir sind ständig dabei, Energie mit unserem Geist zu manipulieren. Wattles fährt fort:

> Der Ursprungsgedanke eines sich bewegenden Universums breitete sich zunächst in der ganzen formlosen Substanz aus. Die denkende Materie, die aus diesem Gedanken entstand, nahm die Form von Sonnensystemen an und behält diese Form bei. Die denkende Substanz nimmt die Form ihres Gedankens an und bewegt sich entsprechend dieses

Gedankens. Durch ihre Vorstellung eines sich drehenden Systems von Sternen und Planeten nahm sie die Form dieser Himmelskörper an und hält sie entsprechend in Bewegung.

Wenn es auch Jahrhunderte dauern mag, so erschafft doch die formlose Substanz einen Baum, indem sie die Form eines langsam wachsenden Baumes denkt. Während des Schöpfungsprozesses scheint sich die formlose Substanz an die Abläufe zu halten, die sie selbst festgelegt hat. Der Gedanke an eine Eiche führt nicht zur augenblicklichen Schaffung eines ausgewachsenen Baumes, sondern er setzt die Kräfte in Bewegung, die den Baum nach festgelegten Wachstumsabläufen entstehen lassen.

Jeder Gedanke an eine Form, der in der denkenden Substanz festgehalten wird, bewirkt die Erschaffung dieser Form; dies jedoch stets, oder zumindest im Allgemeinen, nach festgelegten Wachstums- und Bewegungsabläufen.

Wenn der Gedanke an ein ganz bestimmtes Haus der formlosen Substanz aufgeprägt wird, so bewirkt dies nicht unbedingt die sofortige Erschaffung dieses Hauses. Es wird allerdings die schöpferischen Energien, die bereits in Handwerk und Handel wirken, in solche Bahnen lenken, dass das Haus zügig gebaut werden kann. Wenn es noch keine Bahnen gibt, in denen sich die schöpferische Energie ausdrücken kann, so wird das Haus direkt aus der Ursubstanz erschaffen – ohne auf die langsamen Vorgänge in der belebten und unbelebten Welt zu warten.

Wenn du daran denkst, dir ein Haus zu bauen, setzt sich alles Mögliche in Bewegung. Es findet telepathische Kommunikation statt. Du aktivierst Gedanken im Gehirn anderer Menschen. Suggestionen kommen auf dich zu. Es begegnen dir bestimmte Menschen. Es geschehen bestimmte Dinge. Das steht völlig außer Frage.

„Du musst ein geistiges Vorstellungsbild von deinem Ziel erschaffen und dir nicht länger von der Außenwelt vorschreiben lassen, wie dein Ziel aussehen soll."

- Bob Proctor

Wattles führt weiter aus: „*Kein Gedanke an eine Form kann der formlosen Substanz aufgeprägt werden, ohne die Schöpfung dieser Form hervorzurufen*".* Du musst ein geistiges Vorstellungsbild von deinem Ziel erschaffen und dir nicht länger von der Außenwelt vorschreiben lassen, wie dein Ziel aussehen soll. Höre um Himmels Willen damit auf, dir deinen Kontostand anzusehen. Stell' dir dein Konto mit dem Guthaben vor, das du dir wünschst. Visualisiere es.

* Alle Hervorhebungen entsprechen dem Original.

Wattles schreibt: „Der Mensch ist eine Denkzentrale und kann Gedanken hervorbringen“. Wer oder was außer einem Menschen kann Gedanken generieren? Das kann sonst nichts und niemand. Aber du kannst es. Ich weiß nicht, was du bisher gedacht hast oder was du über dich selbst denkst, aber ich weiß eines: Wenn du etwas denken kannst, dann kannst du es auch tun. Was du in deinem Kopf festhalten kannst, das kannst du auch in Händen halten, ganz gleich, worum es sich handelt.

„Alle Formen, die ein Mensch mit seinen Händen gestaltet, müssen zunächst einem Gedanken entspringen. Niemand kann etwas erschaffen, ohne es zuvor erdacht zu haben“, erläutert uns Wattles. Es ist wie bei Van Gogh.

Der große Künstler wurde einmal gefragt, wie er solche wunderschönen Bilder malen konnte. Seine Antwort war: „Ich träume mein Bild und dann male ich meinen Traum“.

Wattles fährt fort:

> Die menschliche Rasse verlässt sich bis heute allein auf das Werk der menschlichen Hände, um etwas zu erschaffen. Daher will sie die Welt der Formen durch körperliche Arbeit beeinflussen, indem sie danach strebt, bereits existierende Formen zu verändern. Wir Menschen sind noch nie auf die Idee gekommen, die Schöpfung neuer Formen dadurch

zu bewirken, dass wir unsere Gedanken der formlosen Substanz aufprägen.

Wenn ein Mensch den Gedanken an eine Form hervorbringt, nimmt er sodann Materie aus den Formen der Natur und erzeugt ein Abbild der Form, die er in seinem Geist erschaffen hat. Der Mensch hat bisher keine oder nur wenige Anstrengungen unternommen, um mit der formlosen Intelligenz zusammenzuarbeiten – um „mit dem Vater" zu arbeiten. Es fällt ihm nicht im Traum ein, dass auch er dazu imstande sein könnte, das zu tun, was er den Vater tun sieht.

Es gibt eine formlose Intelligenz. Wir haben es mit einer intelligenten Kraft zu tun. Alles, was der Vater tun kann, das kannst du auch. Dies wurde uns auf vielerlei Weise gelehrt. Das Problem ist nur, dass wir es nicht glauben. Der Glaube ist aber der Schlüssel.

Die Menschheit gebraucht körperliche Arbeit, um existierende Formen umzuwandeln und zu verändern. Wir haben uns nicht mit der Frage beschäftigt, ob wir Dinge aus der formlosen Substanz erschaffen können, indem wir ihr unsere Gedanken übertragen. Ich habe vor zu beweisen, dass es uns möglich ist, dass es jedem Mann und jeder Frau möglich ist, und genau zu zeigen, wie es geht. Mein erster Schritt besteht darin, drei grundlegende Aussagen zu machen.

Erstens stellen wir fest, dass es eine ursprüngliche formlose Substanz gibt, aus der alle Dinge erschaffen wurden. All die scheinbar vielen Elemente sind nur unterschiedliche Erscheinungsformen eines einzigen Elements. Auch all die vielen Formen in der belebten und unbelebten Natur sind nur unterschiedliche Ausprägungen dieses einen Elements. Dieser Stoff ist ein denkender Stoff; ein ihm aufgeprägter Gedanke bewirkt die materielle Ausformung dieses Gedankens. Ein Gedanke in der denkenden Substanz erzeugt eine materielle Form. Ein menschliches Wesen ist eine Denkzentrale, die Urgedanken schöpfen kann. Wenn ein jeder von uns seine Gedanken der denkenden Ursubstanz übermitteln kann, dann sind wir folglich fähig, die Schöpfung oder Erschaffung des Erdachten zu bewirken. Fassen wir also zusammen:

Es gibt einen denkenden Stoff, aus dem alle Dinge erschaffen wurden, und der in seinem Urzustand die Zwischenräume des Universums durchströmt, durchdringt und ausfüllt.

Ein Gedanke in dieser Substanz erschafft das, was durch den Gedanken Bildgestalt erhält.

Der Mensch kann Dinge in seinen Gedanken formen, und indem er seine Gedanken der formlosen Substanz aufprägt, kann er das Erdachte entstehen lassen. (…)

Wenn ich von dem Phänomen der Formen und Gedanken ausgehe, komme ich durch logisches Nachdenken zu einer denkenden Ursubstanz. Wenn ich nun von dieser denkenden Substanz ausgehe, komme ich durch weiteres logisches Nachdenken zu der Macht eines jeden Menschen, das Entstehen des Gedachten zu bewirken.

In der Lebenspraxis erweisen sich diese Schlussfolgerungen als wahr und dies ist mein stärkster Beweis. Wenn ein Leser dieses Buches reich wird, indem er meine Anweisungen befolgt, dann untermauert dies meine Aussagen. Wenn weiterhin jede Person, die meine Anweisungen befolgt, reich wird, so ist dies so lange ein positiver Beweis, bis jemand den Prozess durchläuft und scheitert. Eine Theorie erweist sich so lange als richtig, bis der Prozess versagt, und dieser Prozess wird nicht versagen, weil jede Person, die meine Anweisungen exakt befolgt, zu Reichtum gelangt.

Kannst du es? Jeder kann es, aber wir müssen von innen heraus handeln. Ich spreche hier von Resultaten. Ich spreche davon, dass wir etwas bewegen. Resultate sagen immer die Wahrheit. Unterschreibst du das, was Wattles hier sagt, wenn du dir deine Resultate ansiehst?

Wie entstehen Resultate? Resultate sind Gedanken, die eine Form annehmen. Passieren sie einfach so? Das glaube ich nicht.

Sehen wir uns doch mal genauer an, wie Resultate

entstehen. Wirf bitte einen Blick auf deine Ergebnisse. Welche Rolle spielt dein Bewusstsein dabei? Es spielt eine enorm wichtige Rolle. Alles vollzieht sich in deinem Bewusstsein.

Früher war ich bei der Feuerwehr. Mein erster Einsatz war gleich früh am Morgen, so gegen vier oder fünf Uhr. Ein Streifenpolizist hatte im zweiten Stock eines Wohngebäudes ein Feuer entdeckt. Er alarmierte die Feuerwehr und wir rückten aus.

Dort im zweiten Stock schlief eine Frau in einer Zweizimmerwohnung mit ihrem kleinen Sohn. Der Junge war neben ihr im Bett eingeschlafen, doch dann stand er auf und lief in die Küche. Er holte aus dem Schrank eine große Schachtel Zündhölzer und begann, damit zu spielen. Er zündelte und – Wumms!, schon fing die ganze Schachtel Feuer.

Der Junge bekam es mit der Angst zu tun, ließ die Zündhölzer fallen und versteckte sich in Mutters Bett. Natürlich stand schon bald der ganze zweite Stock in Flammen. Wir fuhren mit unseren Feuerwehrautos hin und löschten den Brand. Der kleine Junge hätte sehr wohl ums Leben kommen können, da er sich der Gefährlichkeit eines Feuers nicht bewusst war. Das ist das Problem, wenn es an Bewusstsein mangelt.

Bei der Kindererziehung nehmen wir die Bewusstseinsbildung einfach nicht wichtig genug. Die Heranbildung des Intellekts ist uns viel wichtiger. In der Schule dreht sich alles um den Verstand. Kaum jemand kümmert sich darum, das Bewusstsein zu entwickeln.

Unsere Resultate entstehen aus unserem Handeln und unser Handeln beruht auf unserem Paradigma, auf dem, was in unserem Unterbewusstsein vor sich geht. Die Idee im Unterbewusstsein lässt den Körper aktiv werden, was zu bestimmten Resultaten führt. Das Bewusstsein ist unsere Kontrollinstanz. Nichts kann ins Unterbewusstsein gelangen, ohne zuvor unser Bewusstsein zu durchlaufen.

Nichts kann ins Unterbewusstsein gelangen, ohne zuvor unser Bewusstsein zu durchlaufen.

Aber warum sollte jemand sich für Ideen entscheiden, die zu nicht wünschenswerten Resultaten führen? Es liegt an einer einzigen Ursache: Die Menschen denken nicht. Unwissenheit ist unser Problem und auch unser gewohnheitsmäßiges Verhalten, in dem sich unser Paradigma Ausdruck verschafft. Das ist zwar traurig, aber so ist es nun mal.

Pass jetzt bitte gut auf: Ein Mensch sieht sich seine Resultate an. Schön. Die Resultate sind da, man kann sie nicht leugnen. Sein Bewusstsein ist erfüllt mit ihrem Bild. Wir sehen uns unsere finanzielle Lage an und sagen: „So sieht es aus, da kann man nicht drum herumreden. So viel habe ich noch."

So funktioniert der Glaube der Menschen. Sie glauben an das Physische, weil sie die Situation über ihre fünf Sinne wahrnehmen. Sie wurden dazu erzogen, durch ihre Sinne zu leben. Sie lassen sich mit ihren Gefühlen auf diese Situation ein und verschlimmern sie dadurch noch weiter. Das ist ein sich selbst erhaltender Kreislauf des Niedergangs. Sie machen immer wieder ein und dasselbe.

Warum wollen sie nichts verändern? Sie verstehen nicht, wie es geht. Haben sie denn keine Träume? Sie haben Träume, aber diese schwinden rasch dahin. Sie folgen keinem Plan, um ihre Träume wahr werden zu lassen.

Ihr Ausgangspunkt sind ihre Ergebnisse. Wenn du von deinen Resultaten ausgehst, bestimmen sie über deine Gedanken. Deine Gedanken rufen dann bestimmte Gefühle hervor, die Gefühle lenken dein Handeln und dein Handeln führt zu den immer gleichen Ergebnissen. Das ist ein Kreislauf des Niedergangs.

Du hast den falschen Ausgangspunkt gewählt. Ein ergebnisorientierter Mensch dagegen schert sich nicht um seine aktuellen Resultate. Er denkt nur an das, was er erreichen will. Wenn du an das denkst, was du willst, siehst du nur deine Ziele. Das ruft bestimmte Gefühle in dir hervor, diese lassen dich handeln und daraus entstehen Resultate: Du bekommst, was du willst. Du siehst neue, bessere Ergebnisse.

Auf diese Weise kommst du immer besser voran. Nun stellst du dir großartige Resultate vor. Diese Vorstellung lässt Gedanken entstehen, dein Denken ruft Gefühle hervor und die Gefühle lassen dich handeln. Du erzielst die gewünschten Ergebnisse und in der Folge denkst du an noch größere und bessere.

Es wird Leute geben, die dir sagen: „Aber du kannst doch nicht deine derzeitigen Ergebnisse ignorieren. Du darfst doch nicht die Tatsache ignorieren, dass dein Konto leer ist.“ Nein, das darfst du nicht. Aber du brauchst dieses verdammte Konto nicht anzustarren in der Annahme, dass du jetzt nur noch daran denken darfst. Du hast doch ein Gedächtnis, du wirst es schon nicht vergessen.

Du besitzt höhere Fähigkeiten: Wahrnehmung, Wille, Vorstellungskraft, Intuition und den logischen

Verstand. Lass‘ doch die eine oder andere davon für dich arbeiten. Nutze dein Vorstellungsvermögen und kreiere ein geistiges Vorstellungsbild von deinem angestrebten Guten.

Nutze deine höheren Fähigkeiten, um dein Unterbewusstsein positiv zu beeinflussen:

- Wahrnehmung
- Wille
- Vorstellungskraft
- Intuition
- Logischer Verstand

Was willst du? Kreiere in deinem Bewusstsein dieses Vorstellungsbild und pflanze es in dein Herz ein. In der Bibel heißt es, dass ein Mensch so ist, wie er in seinem Herzen denkt. Beginne daher damit, dich in deinen Gefühlen mit deinem gewünschten Ziel zu beschäftigen. Wenn du diese Gefühle immer stärker werden lässt, entsteht in dir ein Verlangen. Ein Verlangen ist das Streben einer inneren unausgedrückten Möglichkeit, sich in der Außenwelt durch sein Handeln auszudrücken. Dadurch ändert sich deine Schwingung.

Deine neue Schwingung lässt dich anders handeln; dies führt zu anderen Resultaten und dadurch ziehst du andere Dinge an.

Kurz gesagt, das erste Prinzip ist der Gedanke. Alles beginnt mit einem Gedanken und nicht mit den Resultaten.

Viele meinen, Erfolg hat etwas damit zu tun, zur richtigen Zeit am richtigen Ort zu sein. Ich denke, da steckt ein Körnchen Wahrheit drin, aber du musst dir auch bewusst sein, dass du zur richtigen Zeit am richtigen Ort bist. Als die Dot-Com-Unternehmen groß herauskamen, bot man mir verschiedene Möglichkeiten, die mir Millionen eingebracht hätten, aber ich war daran nicht interessiert, da sie nichts mit meiner Aufgabe zu tun hatten. Ich tue das, was ich tue, nicht nur des Geldes wegen. Ich will viel Geld verdienen, weil mich das in die Lage versetzt, meine Aufgabe in noch viel größerem Maßstab zu erfüllen. Geld ist ein Medium, mit dem wir unser Tun mannigfach verstärken können. Aber wenn ich es nur um des Geldes willen tun würde, hätte ich zwar jede Menge davon, aber das war‘s dann auch. Geht es denn um nichts anderes? Das glaube ich nicht. Es geht um das Ziel.

Wattles führt weiter aus:

> Es gibt keine andere Anstrengung, vor der die meisten Leute so sehr zurückschrecken, wie vor andauerndem und folgerichtigem Denken. Es ist die härteste Arbeit, die es gibt. Dies ist ganz besonders dann richtig, wenn die Wahrheit im Widerspruch zu den Umständen steht. Jede Erscheinung in der sichtbaren Welt strebt danach, in dem sie wahrnehmenden Geist eine entsprechende Form zu erzeugen. Dies kann nur verhindert werden, wenn wir am Gedanken der Wahrheit festhalten.

Weißt du, wenn du nichts auf dem Konto hast, dann ist es sehr schwer, nicht dauernd zu denken: „Mein Konto ist leer. Ich muss dringend Geld verdienen. Ich brauch‘ Geld.“ Das kannst du nur vermeiden, indem du am Gedanken der Wahrheit festhältst und die Fülle deiner Wünsche siehst.

Wattles schreibt weiter:

> Wenn du dich mit der Erscheinungsform einer Krankheit beschäftigst, erzeugst du diese Krankheitsform in deinem eigenen Geist – und schließlich in deinem Körper. du musst stattdessen am Gedanken der Wahrheit festhalten, der besagt, dass Krankheit nicht existiert. Krankheit ist nur ein Erscheinungsbild und Gesundheit ist die Wahrheit.
>
> Wenn du dich mit den Erscheinungsformen von Armut

beschäftigst, erzeugst du entsprechende Formen in deinem eigenen Geist. Halte stattdessen an der Wahrheit fest, dass Armut nicht existiert. Es gibt nur die Fülle.

Es braucht Kraft, um an Gesundheit zu denken, wenn man von Erscheinungsbildern von Krankheit umgeben ist, oder an Reichtum zu denken, wenn man sich inmitten von Erscheinungsbildern der Armut befindet. Wenn du dir aber diese Kraft aneignest, dann beherrschst du deine Gedanken. Du kannst das Schicksal bezwingen; du kannst haben, was du haben willst.

Vielleicht denkst du jetzt: „Das verstehe ich nicht". Aber weißt du, was? Du brauchst es eigentlich gar nicht zu verstehen, du musst nur daran glauben.

Diese Kraft kannst du dir nur aneignen, wenn du die grundlegende Tatsache akzeptierst, die hinter allen Erscheinungsformen steht: Es existiert eine denkende Substanz, aus welcher und von welcher alle Dinge erschaffen werden.

Dann müssen wir die Wahrheit begreifen, dass jeder Gedanke, der in dieser Substanz festgehalten wird, zu einer Form wird, und dass ihr ein Mensch Gedanken aufprägen kann, damit diese eine Form annehmen und sichtbare Dinge werden können.

„Der Mensch kann Dinge in seinen Gedanken formen, und indem er seine Gedanken der formlosen Substanz aufprägt, kann er das Erdachte entstehen lassen."
– Wallace Wattles

Wenn uns das bewusst wird, verlieren wir alle Zweifel und Ängste, weil wir wissen, dass wir alles erschaffen können, was wir erschaffen wollen. Wir können erhalten, was wir haben wollen, und wir können werden, was wir sein wollen. Als ersten Schritt zum Reichtum müssen wir die drei grundlegenden Aussagen glauben, die zuvor in diesem Kapitel genannt wurden. Um deren Bedeutung zu unterstreichen, wiederhole ich sie hier:

Es gibt einen denkenden Stoff, aus dem alle Dinge erschaffen wurden, und der in seinem Urzustand die Zwischenräume des Universums durchströmt, durchdringt und ausfüllt.

Ein Gedanke in dieser Substanz erschafft das, was durch den Gedanken Bildgestalt erhält.

Der Mensch kann Dinge in seinen Gedanken formen, und indem er seine Gedanken der formlosen Substanz aufprägt, kann er das Erdachte entstehen lassen.

Es ist notwendig, dass du alle anderen Vorstellungen über das Universum fallenlässt. Du musst dich mit der hier beschriebenen beschäftigen, bis sie in deinem Geist fixiert und zu deiner Denkgewohnheit geworden ist. Lies dieses Credo immer wieder. Verankere jedes Wort in deinem Gedächtnis, und denke darüber nach, bis du fest an die Aussagen glaubst. Wenn Zweifel aufkommen, schiebst du sie weg. Höre nicht auf Argumente, die gegen diese Ideen sprechen; besuche keine Kirchen oder Vorträge, wo entgegengesetzte Vorstellungen gepredigt oder gelehrt werden. Lies keine Zeitschriften oder Bücher, die andere Ideen verbreiten. Wenn du in deinen Glaubensvorstellungen durcheinandergerätst, sind alle deine Anstrengungen vergebens.

Hinterfrage diese Dinge nicht, und spekuliere auch nicht, wie das alles vor sich geht. Beherzige diese Ideen einfach voller Vertrauen. Die Wissenschaft des Reichwerdens beginnt mit dem vorbehaltlosen Annehmen dieser Glaubensvorstellung.

All das hört sich für dich vielleicht ziemlich merkwürdig an, aber ich will dir etwas sagen: Alle Leute, die ich kenne und die sich diese Ideen wirklich zu eigen gemacht haben, tun sehr viel Gutes. Sie sind davon überzeugt, dass sie Gottes höchste Schöpfungsform sind und haben sich völlig einem Leben im Dienst am

Mitmenschen verschrieben. Sie wollen einzig und allein herausfinden, wie sie ihre Aufgabe noch größer und besser erfüllen können und es gelingt ihnen auch. Sie streben nach Ausweitung und einem vollständigeren Ausdruck.

Nimm dir nun bitte ein paar Minuten Zeit und beantworte die folgenden Fragen.

Was ist der erste Schritt auf dem Weg zum Reichwerden?

Was bedeutet es, ein Mensch zu sein, und über welche Macht verfügen wir?

Was ist die grundlegende Tatsache hinter allen Erscheinungen?

Was musst du tun und woran musst du glauben, wenn du die Wissenschaft des Reichwerdens anwenden willst?

Was beansprucht mehr Energie als jede andere Arbeit, die ein Menschen leisten muss, und warum?

Beantworte diese Fragen. Nimm dir gleich jetzt die Zeit dafür.

Wenn du beginnst, dich auf diese Inhalte einzulassen, kommt es dir vielleicht so vor, als müsstest du aus einem Feuerwehrschlauch trinken. Während meiner fünf Jahre bei der Feuerwehr habe ich viele Brände gelöscht. Der Wasserstrahl aus einem Feuerwehrschlauch kann einen

Menschen umhauen. Ich kann mir vorstellen, dass der Versuch, aus so einem Schlauch zu trinken, ein ziemlich wildes Abenteuer wäre. Die Ideen in diesem Buch können einen überwältigen. Deshalb ist es schon okay, wenn du dich verloren fühlst. Lass dich davon aber nicht weiter stören. Wir beschäftigen uns hier mit einigen ziemlich großartigen Ideen.

Du brauchst dich also nicht schlecht zu fühlen, wenn du dich dabei überwältigt fühlst. Der Gedanke „Ich glaub‘ nicht, dass ich das kann“ braucht keine schlechten Gefühle in dir hervorzurufen. Oh doch, du kannst es. Du tust es ja bereits. Du denkst. In dir findet mentale Aktivität statt. Es geht nur noch darum, sie in die richtigen Bahnen zu lenken.

Wenn ich mir dein Bankkonto oder dein Leben ansehen würde, könnte ich dir genau sagen, was bei dir los ist. Wenn du mal an einem meiner Seminare teilgenommen hast oder mit mir in einem Raum warst, dann weißt du, dass ich tatsächlich auf eine Person zugehen und genau sagen kann, was in ihrem Kopf vorgeht. Das liegt daran, dass alles, was sich im Inneren abspielt, sich im Äußeren zeigt. Ich bin in der Lage, das zu lesen. Ich kann es spüren. Meine Intuition ist sehr hoch entwickelt. Meine Psyche ist in Hochform, da ich die ganze Zeit diese Inhalte studiere und ständig meine Fähigkeiten schärfe.

Jeder, der sich über eine gewisse Zeit einer Tätigkeit widmet, wird darin immer besser. Auch du wirst diese Inhalte immer besser verstehen. Lass dich davon nicht überwältigen. Du brauchst dich für den Gedanken „Damit komm‘ ich nicht klar“ nicht im Geringsten zu schämen. Jeder hat damit so seine Probleme. Du vollziehst gerade eine enorme Wendung in deinem Leben.

Bedenke Folgendes: Nur ungefähr drei bis fünf Prozent der Menschen (und das ist eine sehr großzügige Schätzung) haben diese Ideen wirklich begriffen und nutzen sie jeden Tag. Die restlichen 95 Prozent kapieren es nicht. Für diese 95 Prozent klingt das alles absurd, es ergibt für sie überhaupt keinen Sinn.

Du kannst so richtig gut in diesem ganzen Prozess werden. Falls du dich ein wenig überwältigt fühlst und dir denkst: „Mir wird es nicht gelingen, das alles zu verinnerlichen“, dann lies einfach weiter und studiere diese Ideen die nächsten zwölf Monate lang. Und falls du meinst, nicht voranzukommen, dann lass diesen Gedanken los, denn er stimmt nicht. Lass die Vergangenheit einfach gehen.

Wattles schreibt dazu: „Wenn du dich mit den Erscheinungsformen von Armut beschäftigst, erzeugst du entsprechende Formen in deinem eigenen Geist. Halte stattdessen an der Wahrheit fest, dass Armut nicht existiert. Es gibt nur die Fülle.“

Ich habe sogar einmal ein paar Blätter Papier in der Größe von Geldscheinen zurechtgeschnitten. Ich hatte nur noch zwei Hundertdollar-Noten, die ich außen auf das Bündel legte. Ich hatte nur 200 Dollar, aber dadurch sah es so aus, als wären es 2.200. Dieses Bündel trug ich in der Jackentasche mit mir herum.

Wenn du eine gute Beziehung zum Geld entwickelst, wirst du es anziehen. Ich ziehe sehr viel Geld an und ich gebe sehr viel Geld her. Das gehört ebenfalls zum Geheimnis dazu: das Geben. Ich gebe bereitwillig und empfange wohlwollend – und man kann unmöglich zu viel geben. Je mehr du das verstehst, umso besser wird es dir gehen. Am Anfang wusste ich nicht, wie das Empfangen geht. Mein Mentor meinte zu mir: „Dann hast du noch nicht gelernt, wie man gibt“.

„Was meinst du damit?“, gab ich zurück.

„Geben und Empfangen ist ein und dasselbe, Bob.“

Eine Freundin von mir lebt an der US-amerikanischen Westküste. Sie heißt Jane Willhite und leitet PSI World, ein Seminarunternehmen, das Techniken lehrt, um mehr Macht, Freiheit und Glück im Leben zu finden. Sie sagt: „Wer gibt, gewinnt“. Das gefällt mir.

Ich möchte mit dir über Bewusstseinsebenen sprechen. Wir beginnen als kleines Baby ganz unten auf einer animalischen Stufe. Ein Baby reagiert auf alles, was um es herum geschieht. Als Meister reagieren wir nicht mehr, wir handeln überlegt. Bei einer Reaktion geht es nur um Kampf oder Flucht. So leben die Tiere. Sie reagieren auf das, was in ihrer Umwelt geschieht. Ein Mensch, der diese Inhalte meisterhaft beherrscht, reagiert auf nichts mehr, sondern handelt stets überlegt. Er denkt nach und er plant.

Ein Spruch besagt: „Im Beobachten liegt Macht. Im Beurteilen liegt Schwäche.“ Das ist eine sehr kraftvolle Aussage. Beobachte alles, was vor sich geht. Nehmen wir mal an, dass dich jemand unfreundlich behandelt. Wirst du darauf unbedacht reagieren? Wenn du müde und nicht sehr bewusst bist, reagierst du wahrscheinlich, und es geht nur noch um Kampf oder Flucht. Das ist keine gute Art zu leben. Du kannst dich aber auch fragen: „Warum verhält sich diese Person so? Warum ist sie so? Sie muss sehr unglücklich sein.“

Bei unserer Geburt befinden wir uns mit unserem Bewusstsein noch auf einer animalischen Ebene. Wenn wir etwas älter sind, schließen wir uns dem Massenbewusstsein an. Dann wollen wir so wie die anderen Kinder sein. Verhalten sich Kinder nicht so? Sie folgen der Masse. Sie wollen sich alle gleich kleiden. Wenn jemand neue Sneaker trägt, wollen alle dieselben haben.

Das ist das Massenbewusstsein. Sie gehen überall gemeinsam hin. „Na ja, die können sich doch nicht alle irren." Hör mir gut zu: Wenn du siehst, dass eine große Masse von Menschen sich in eine Richtung bewegt und einer oder zwei bewegen sich in eine andere, dann solltest du lieber diesen folgen. Geschichtlich gesehen hat sich die große Masse immer in die falsche Richtung bewegt.

Irgendwann passiert dann etwas in uns und wir wollen vorankommen. Dann will ein Mensch etwas Größeres bewirken. Das kann positiv sein, es kann negativ sein, aber er strebt nach mehr. Er will etwas Größeres erreichen, auch wenn er noch nicht weiß, was genau.

**„Im Beobachten liegt Macht.
Im Beurteilen liegt Schwäche."**

Ich will dir sagen, was dahintersteckt. Es ist die höhere Seite deiner Person, deine Einzigartigkeit, die sich ausdrücken will. In dir liegt deine spirituelle DNA. In dir liegt Vollkommenheit. Diese Vollkommenheit will sich in dir und durch dich ausdrücken, denn dein Geist strebt immer nach Erweiterung und einem vollständigeren Ausdruck und niemals nach Zerstörung.

Ich kann mich gut erinnern, wie das bei mir war. Ich spürte ein Verlangen nach mehr, nach etwas Größerem. Ich wusste nicht genau, was es war, aber ich wollte mehr. Dieses Gefühl stieg in mir auf, nachdem ich angefangen hatte, das Buch von Wattles und andere Bücher zu lesen und mir Audio-Programme anzuhören. Ich las und hörte dieselben Werke immer und immer wieder. Mein Gott, war das eine schwierige Zeit für mich. Mein Paradigma war einfach nur fürchterlich. Aber ich spürte in mir dieses Verlangen, das immer stärker wurde. Ich wollte mehr aus mir machen. Ich hatte dieses ganz spezielle Gefühl, dass ich etwas tun musste und dass mich die Masse davon abhielt. Immer wenn dieses Verlangen in mir wuchs, – Zack!, wurde ich wieder zurückgeholt.

Sollte es dir ähnlich gehen, dann musst du verstehen, was da abläuft. Du bist im Begriff, dich von deinem alten konditionierten Ich zu lösen. Aber diese Konditionierung ist sehr stark, denn sie befindet sich in jedem Molekül deines Wesens. Vielleicht ist sie schon viele Generationen alt, da sich die genetische Programmierung über viele Generationen erstreckt. Ein kleines Energieteilchen deines Vaters gesellte sich zu einem kleinen Teilchen deiner Mutter und – Wumms!, sie harmonierten miteinander. So bist du entstanden. 280 Tage lang wurde immer dieselbe Art von Energie angezogen. Was war das Energieteilchen deiner Mutter? Wo kam deine Mutter her? Sie kam von ihren eigenen Eltern. Und wo kam dein Vater her? Von seinen Eltern. Diese kleinen Energieteilchen reichen über viele Generationen der genetischen Struktur zurück, nur der Himmel weiß, wie viele.

Und 280 Tage später erblickst du das Licht der Welt. Dein Geist ist wie ein offenes Gefäß. Alles, was um dich herum geschieht, gelangt direkt in dein Unterbewusstsein. So entstehen dein Paradigma und deine Konditionierung. Davon machst du dich jetzt frei.

Du hast dieses ganz besondere Gefühl, dieses starke Verlangen. Wattles sagt, ein Verlangen ist das Streben einer unausgedrückten Möglichkeit in unserem Inneren, sich in der Außenwelt durch unser Handeln auszudrücken. Doch jedes Mal, wenn du etwas bewegen willst, hält dich dein Paradigma zurück. Es tobt ein Kampf in uns.

Wenn du diesen Punkt erreicht hast, kannst du

genauso gut weitermachen, denn wenn du es nicht tust, geht der Kampf weiter. Er wird sogar noch schlimmer, da dein Verlangen dich nicht mehr loslässt. Du hast etwas in Gang gesetzt; in dir drin ist etwas geschehen. Und wenn du nicht weißt, was da vor sich geht, wirst du eine sehr schwierige Zeit erleben. Auch wenn du es weißt, ist die Zeit schwierig für dich, aber zumindest weißt du nun, was da in dir los ist, und deswegen kannst du dich herausarbeiten.

Und dann erkennst du eines Tages: „Disziplin ist das, was ich jetzt brauche. Ich werde mir selbst einen Befehl geben und ihn dann ausführen." Du wirst aktiv und disziplinierst dich selbst.

Doch dann schwindet deine Disziplin plötzlich dahin und du denkst: „Oh Mist, das war bloß ein Wunsch. Nichts hat sich verändert." Du bist verwirrt und erkennst, dass du feststeckst. Das ist ein fürchterlicher Zustand.

Auch wenn du feststeckst, musst du an deinem Ziel festhalten. Disziplin ist der Schlüssel – die Fähigkeit, dir selbst einen Befehl zu geben und ihn auszuführen. Wenn du etwas wirklich willst, aber keine Disziplin aufbringst, fällst du auf die Nase. Dann wirst du nichts erreichen. Ein Wunsch und die nötige Disziplin gehören untrennbar zusammen. Du musst dich selbst disziplinieren. Sobald dein Wunsch verblasst, sagst du dir: „Moment mal. Das werde ich nicht zulassen. Ich disziplinere mich hier und jetzt. Ich werde durchhalten und es ist mir total egal, ob ich verwirrt bin. Es ist mir gleich, ob ich überwältigt bin. Ich ziehe das durch und werde es zum Abschluss bringen."

Dann passiert Folgendes: Du hast eine neue Idee. Du wirst aktiv und durch dein Handeln ändern sich deine Resultate und alles beginnt, sich zu wandeln. Beobachte das Ganze aufmerksam. Es ist wunderschön, wenn das geschieht, aber auch sehr subtil. Jetzt beherrschst du das Konzept, deine Gedanken zu kontrollieren. Du reagierst nicht länger unüberlegt und du denkst: „Ich weiß, wo ich hinwill, und ich weiß, was ich tun werde, selbst wenn mein Partner, selbst wenn meine Partnerin nicht mitmacht. Ich leg' jetzt los. Nichts kann mich zurückhalten. Ich habe einen Traum." So wie Martin Luther King. Du brauchst einen Traum und du musst dafür sorgen, dass du dich voll und ganz darauf einlässt.

„Verlangen ist das Streben einer unausgedrückten Möglichkeit in deinem Inneren, sich in der Außenwelt durch dein Handeln auszudrücken."
– Wallace Wattles

Kapitel 4

Die Höherentwicklung des Lebens

Im fünften Kapitel des Buches *Die Wissenschaft des Reichwerdens* schreibt Wattles: „Du musst dich auch von den letzten Überresten der Vorstellung befreien, dass es eine Gottheit gibt, deren Wille darin besteht, dass du arm bist oder der damit gedient ist, wenn du in Armut gehalten wirst. Gott liebt dich und will, dass du ein Leben der Fülle lebst." Gott schenkt dir Fülle, Wohlergehen, Ausweitung und einen vollständigeren Ausdruck.

„Die intelligente, bewusst lebende Substanz, die alles umfasst und in allem lebt, lebt auch in dir", erläutert er weiter. „Die Kraft, die Pflanzen, Bäume und alles andere wachsen lässt, fließt zu dir und durch dich. Da es sich um eine bewusste, lebendige Substanz handelt, verfügt sie selbstverständlich auch über das natürliche und jeder lebenden Intelligenz innewohnende Verlangen nach Höherentwicklung des Lebens. Jedes Lebewesen ist ständig bestrebt, sein Leben auszuweiten, denn das Leben selbst muss sich weiterentwickeln, einfach nur deshalb, weil es lebt."

Das erkennst du in allen Lebensformen. Wenn du die gesamte Natur betrachtest, erblickst du Ausdruck und Entfaltung. Sie kann sich nur dort nicht vollständig ausdrücken, wo Menschen die Kontrolle übernehmen.

An der Westseite meines Hauses rankt sich eine große, wunderschöne Weinrebe um den Zaun. Sie bedeckt ihn ganz.

Vor ein oder zwei Jahren beschlossen wir, den Zaun zu ersetzen, da er allmählich morsch wurde. Ich dachte lange darüber nach, weil ich meinte, dass wir dafür die Weinrebe opfern müssten. Der alte Zaun wurde entfernt und ein neuer errichtet, und glücklicherweise blieb uns die Weinrebe erhalten. Sie ist wunderschön. So ist das Leben, es will sich immer noch großartiger ausdrücken.

„Ein Samenkorn, das auf die Erde fällt, wird sofort aktiv", schreibt Wattles „und indem es lebt, bringt es hunderte weiterer Samenkörner hervor. Das Leben vervielfältigt sich einfach dadurch, dass es lebt. Es weitet sich ewig aus; dies muss so sein, damit es weiterexistieren kann."

Der Autor inspirierender Bücher, Robert Schuller, schrieb: „Jeder kann dir sagen, wie viele Samen ein Apfel enthält. Aber niemand kann sagen, wie viele Äpfel in einem Samen stecken.“ Im Prinzip sagt diese Textpassage genau das aus.

Wir müssen wachsen, wenn wir weiter existieren wollen. Ohne Wachstum sterben wir, und tatsächlich geht es genau darum beim Sterben. Ich finde, das Konzept des Sich-zur-Ruhe-Setzens ist das abscheulichste, das jemals erdacht wurde. Warum nur sollte sich jemand so etwas ausdenken?

„Jeder kann dir sagen, wie viele Samen ein Apfel enthält. Aber niemand kann sagen, wie viele Äpfel in einem Samen stecken.“
– Robert Schuller

Als ich vor vielen Jahren bei der Feuerwehr war, saßen wir immer in der Feuerwache herum und meine Kameraden hatten kein anderes Gesprächsthema als ihre Rente. Ihr ganzer Wunsch war, dass sich die Gewerkschaft für eine Senkung des Rentenalters einsetzte. In der Feuerwache habe ich auch zum ersten Mal das Buch von Wattles gelesen. Was ich da las, stand im direkten Gegensatz zu dem, was ich die anderen sagen hörte. Ich dachte mir: „Warum nur sollte man in Rente gehen? Ich will mich auf gar keinen Fall jemals zur Ruhe setzen." Wattles führt weiter aus:

> Für die Intelligenz ist es ebenso notwendig, sich stets höher zu entwickeln. Jeder Gedanke, den wir denken, bringt uns dazu, einen weiterführenden Gedanken zu denken. Das Bewusstsein erweitert sich ständig. Jede Tatsache, die wir lernen, führt uns zur Erkenntnis einer weiteren Tatsache. Unser Wissen wächst ständig an. Jedes Talent, das wir entwickeln, erzeugt in unserem Geist das Verlangen, ein weiteres Talent zu fördern. Wir sind dem Schaffensdrang des Lebens unterworfen, und indem wir danach streben, diesem Schaffensdrang Ausdruck zu verleihen, werden wir angetrieben, mehr zu wissen, mehr zu tun und mehr zu sein.

Hierin liegt eine wichtige Lektion für uns: *Unsere Vorstellungskraft hält uns entweder zurück oder sie führt uns in ein neues Territorium. Wofür setzt du deine ein?* Leben und Geist durchströmen dich und nochmals, sie streben stets nach Ausweitung und einem vollständigeren Ausdruck. Wir spüren einen inneren Drang zu wachsen. Wenn du diesen Drang unterdrückst, bekommst du körperliche Probleme.

„Um mehr wissen, mehr tun und mehr sein zu

können“, so lehrt uns Wattles, „müssen wir mehr haben. Wir müssen über Dinge verfügen, denn wir können nur mehr lernen, tun und sein, wenn wir Dinge gebrauchen. Wir müssen reich werden, damit wir mehr leben können.“ Der Reichtum soll nicht bloß dazu dienen, einen Haufen Geld auf dem Konto anzusammeln oder ähnliches. Der Reichtum soll dir dazu dienen, mehr vom Leben zu haben.

Geld ist ein Tauschmittel für die Produkte oder Dienstleistungen anderer Menschen. Es gab früher auch Zeiten ohne Geld. Wenn man weit genug zurückgeht, findet man ein auf dem Tauschhandel basierendes System. Damals hätte ich vielleicht zu dir gesagt: „Hör mal, das Jagen macht mir keinen Spaß“.

Und du hättest geantwortet: „Wenn du Pfeile für mich machst, gehe ich für dich auf die Jagd“.

Ein anderer fragt dich: „Wieso brauchst du keine Pfeile mehr zu machen?“

Du erwiderst: „Ich habe da jemanden, der sie für mich herstellt und dafür geh‘ ich für ihn jagen. Seine Pfeile sind gut; sie sind schön gerade und man kann prima damit jagen.“

Der andere überlegt: „Ob er wohl auch welche für mich machen kann?“

„Keine Ahnung. Frag‘ ihn doch einfach.“

Der andere kommt also zu mir und fragt mich, aber ich antworte: „Nein, ich brauche nicht noch mehr Fleisch. Ich bekomme so schon genug.“

Genau hier liegt der Zweck des Geldes. Wir brauchen etwas, das wir als Tauschmittel für die Produkte oder Dienste anderer Menschen verwenden können.

> Das Verlangen nach Reichtum ist einfach die Fähigkeit des Lebens, nach immer größerer Erfüllung zu streben; jedes Verlangen besteht aus dem Bestreben einer nicht ausgedrückten Möglichkeit, aktiv zu werden. Es ist eine Kraft, die danach strebt, Verlangen zu erzeugen. Die Kraft, die dich dazu anspornt, mehr Geld haben zu wollen, ist dieselbe Kraft, die eine Pflanze wachsen lässt. Es ist das Leben, das nach vollständigerem Ausdruck strebt.

Das Verlangen ist die Idee im Unterbewusstsein, die sich größeren Ausdruck verschaffen will. Der Drang, der dich nach mehr Geld streben lässt, ist derselbe, der eine Pflanze zum Wachsen bringt. Es ist das Leben, das nach vollständigerem Ausdruck verlangt. Die Essenz des Lebens im Zentrum deines Bewusstseins ist Vollkommenheit, die sich in dir und durch dich ausdrücken will.

Genau hier liegt unser Problem. Wir denken uns: „Dies oder das würde ich ja gerne haben, aber ich komm‘ da nicht dran“. Allein schon die Tatsache, dass du daran denkst, ist der Beweis, dass du es haben kannst, auch wenn du noch nicht weißt, wie das gehen soll. Du kannst alles haben, was du willst.

Und hier ist der Trick: Wenn du ein Ziel verfolgst, von dem du schon weißt, wie du darankommen kannst, bewegst du dich bloß seitwärts und tust nur das, was du sowieso schon kannst. Du musst dir ein Ziel stecken, das dich dazu bringt, in unbekanntes Gebiet vorzudringen. Sir Edmund Hillary wusste erst, wie er auf den Gipfel des Mount Everest gelangen konnte, als er oben war. Die Brüder Wright wussten auch nicht, wie sie einen Flugapparat in die Luft bringen konnten, bis es ihnen gelang.

> Es ist der Wunsch Gottes, dass du reich werden sollst. Er will, dass du reich wirst, weil er sich besser durch dich ausdrücken kann, wenn du über eine große Anzahl von Dingen verfügst, durch deren Gebrauch du ihm Ausdruck verschaffst. Er kann mehr in dir leben, wenn du unbegrenzt über die Mittel des Lebens verfügst.

Du bist nicht Gott. Du bist ein Ausdruck Gottes. Du bist hier, um Gottes Werk zu vollbringen. Gott will ein größeres Gutes vollbringen als zuvor, und zwar mit dir und durch dich. Deshalb wächst in dir das Verlangen, mehr zu tun und mehr zu sein. Um das zu erreichen, musst du wachsen. Du musst in deiner Persönlichkeit wachsen und bewusster werden. Und wohin führt uns diese größere Bewusstheit? In uns wächst das Bewusstsein für unser Einssein mit Gott. Wir werden uns bewusster, dass wir eins sind mit dieser unendlichen, auf eine geordnete Art und Weise wirkenden Kraft. Es wächst unser Bewusstsein für unsere mentalen Fähigkeiten und wie wir sie nutzen können. Alles liegt in unserem Bewusstsein.

Du musst dir ein Ziel stecken,
das dich dazu bringt, in unbekanntes Gebiet
vorzudringen. Sir Edmund Hillary wusste erst,
wie er auf den Gipfel des Mount Everest gelangen
konnte, als er oben war.
– Bob Proctor

Meine PowerPoint-Grafiken erstelle ich alle selbst. Es fiel mir sehr schwer zu lernen, wie das geht; da gibt es so viel Wissen zu verarbeiten. Aber ich habe es gelernt und dabei noch viel weiteres Wissen erworben. Auch das ist Geist, der sich ausdrücken will. Wir wollen etwas tun, wir wollen lernen. Du solltest das Lernen nicht als etwas Schlechtes ansehen. Es ist etwas Gutes. Es lässt dich bewusster werden. Jetzt habe ich ein viel größeres Bewusstsein dafür, wie man Grafiken erstellt, als vorher. So lernen wir. Wir entwickeln unser Bewusstsein immer weiter.

> Das Universum hat den Wunsch, dass du all das hast, was du haben willst.
>
> Die Natur ist deinen Plänen wohlgesonnen.
>
> Es steht dir alles naturgemäß zu.
>
> Verinnerliche diese Wahrheit.
>
> Es ist allerdings von grundlegender Bedeutung, dass sich deine Zielsetzung mit der Bestimmung des Ganzen in Harmonie befindet.

Du brauchst eine Aufgabe im Leben. Ich kenne meine Lebensaufgabe. Sie lautet: in einer Umgebung zu leben und zu arbeiten, die meine Entfaltung fördert, damit ich meiner Familie, meinem Unternehmen, meiner Gemeinde, meinem Land und letztendlich der Welt neue und noch bessere Dienste erweisen kann. Wir brauchen eine Aufgabe, die uns dazu bringt, die Welt ein wenig besser zu machen.

Du musst das wirkliche Leben ersehnen und nicht nur einfaches Vergnügen oder die Befriedigung der Sinne. Leben bedeutet die Ausführung von Funktionen, und ein Mensch ist nur dann wirklich lebendig, wenn er, ohne zu übertreiben, jede Funktion ausführt, zu der er fähig ist, und zwar körperlich, geistig und spirituell.

Du solltest nicht reich werden wollen, um in einem ausschweifenden Lebensstil animalische Bedürfnisse zu befriedigen. Das ist nicht das wahre Leben. Die Ausführung jeder körperlichen Funktion ist jedoch ein Teil des Lebens, und niemand lebt vollständig, wenn er den körperlichen Impulsen einen normalen und gesunden Ausdruck verweigert.

Du solltest auch nicht reich werden wollen, um ausschließlich geistigen Vergnügungen nachzugehen, um Wissen zu erwerben, um den Ehrgeiz zu befriedigen, um andere zu überflügeln oder um berühmt zu werden. All dies sind legitime Bestandteile des Lebens; allerdings führt ein Mensch, der allein für das Vergnügen des Intellekts lebt, nur ein eingeschränktes Leben. Er wird mit seinem Los niemals zufrieden sein.

Napoleon Hill schrieb: „Ein gebildeter Mensch hat seine geistigen Fähigkeiten so entwickelt, dass er alles, was er sich wünscht oder dessen Entsprechung erwerben kann, ohne die Rechte anderer zu verletzen.”

„Ein gebildeter Mensch hat seine geistigen Fähigkeiten so entwickelt, dass er alles, was er sich wünscht oder dessen Entsprechung erwerben kann, ohne die Rechte anderer zu verletzen."
- Napoleon Hill

Jetzt frage ich dich: Kannst du deine mentalen Fähigkeiten schriftlich benennen? Falls du es nicht kannst, brauchst du dich deswegen nicht schlecht zu fühlen, denn 98 von 100 Menschen wissen es auch nicht.

Wir haben physische Fähigkeiten, wir können sehen, hören, riechen, schmecken und fühlen. Bei einer Narkose werden unsere Sinnesorgane ausgeschaltet und wir nehmen nicht mehr wahr, was um uns vor sich geht. Deine Sinnesorgane sind allein für deinen eigenen Nutzen da. Sie ermöglichen es dir, die Außenwelt wahrzunehmen und mit ihr zu kommunizieren.

Wenn du aber über das Physische hinausgehen und mit der nicht-physischen Welt in Verbindung treten willst, wenn du deinen Geist entwickeln und die spirituelle Seite deiner Person begreifen willst, musst du deine höheren Fähigkeiten verstehen.

Deine spirituelle DNA ist perfekt. Sie benötigt

keinerlei Modifikation oder Verbesserung. Das Geistige ist allwissend, allmächtig und allgegenwärtig. Alles Wissen, das es jemals gab oder geben wird, ist im Geistigen vorhanden. . Alle Macht, die es jemals gab oder geben wird, ist im Geistigen vorhanden. Das Geistige ist allgegenwärtig. Es ist überall zur selben Zeit präsent.

Weißt du, was das bedeutet? Es bedeutet, dass das Geistige in mir ist. Schließlich bedeuten diese Aussagen ja nicht, dass das Geistige überall präsent ist außer in Bob. Es ist zu 100 Prozent absolut zur gleichen Zeit überall präsent.

Das ist dein wahres Ich. Du bist der Spross einer unsterblichen Seele. Du bist ein Geschöpf Gottes. Gott hat dich nach seinem Ebenbild erschaffen.

Und hier liegt das Problem. Wir wurden nach Gottes Ebenbild erschaffen, aber wir begreifen das nicht. Tatsächlich haben wir es völlig durcheinandergebracht, weil wir Gott nach unserem Ebenbild gestaltet haben. Wir sehen Gott als einen Mann, der sich an genau einem Ort befindet.

Wie sollte dieser Mann über alles Wissen und alle Macht verfügen und zur selben Zeit überall gleichermaßen anwesend sein? Darauf wissen wir keine

Antwort und sagen: „Diese Dinge brauchen wir auch nicht zu wissen". Schon sind wir fein raus.

In Wahrheit sprechen wir hier aber über einen Gott, der zu 100 Prozent an allen Orten und zu allen Zeiten gleichermaßen präsent ist. Er ist allwissend, das heißt er verfügt über alles Wissen, das es je gab und je geben wird. Sieh dir doch mal dein Smartphone an. Das Verfahren zu seiner Herstellung war schon immer vorhanden. Es brauchten nur ein paar Leute aufzuwachen und ihr Bewusstsein zu erweitern, und schon besitzt jeder von uns ein Smartphone. In diesem kleinen Taschencomputer steckt mehr Rechenleistung als in den Computern der ersten Mondrakete.

Das gibt dir eine Vorstellung davon, wohin die Entwickelung geht. Das Geistige ist allmächtig. Damit bist du gemeint. Du hast alle Macht in dir. Alles Wissen ist in dir – alles, was du brauchst.

Wie können wir darauf zugreifen? Wie du bereits weißt, besteht unser Geist aus zwei Komponenten: dem Bewusstsein und dem Unterbewusstsein. Das Bewusstsein ist mit den Sinnesorganen verbunden. Die sind so etwas wie kleine Antennen, mit deren Hilfe wir die Außenwelt wahrnehmen und mit ihr in Verbindung treten.

Im Bewusstsein sitzt unser Intellekt. Mit dem Intellekt legen wir fest, wie wir mit unseren Gefühlen umgehen wollen. Die Gefühle drücken sich durch unseren Körper aus; das bezeichnen wir als Schwingung. Ein Gefühl ist eine Schwingung.

Wie können wir unsere Schwingung steuern und lenken? Durch die Faktoren des Intellekts: Wahrnehmung, Wille, Vorstellungskraft, Gedächtnis, Intuition und logischer Verstand. Traurigerweise bringt man uns in der Schule nichts darüber bei. Seit dem Kleinkindalter verfügen wir über diese Fähigkeiten, aber wir nutzen sie nicht. Dabei sind sie alle in unserem Bewusstsein vorhanden – und sie sind sehr mächtig.

Mithilfe unserer Vorstellungskraft strömt eine Energie in unser Bewusstsein und lässt uns Ideen gestalten. Diese Ideen sollen wir dann in unser Herz einpflanzen: „Wie der Mensch in seinem Herzen denkt, so ist er“ (Sprüche 23,7). Wir erschaffen ein Vorstellungsbild und pflanzen es in unser Herz ein.

Wir steuern die Schwingung unserer Emotionen durch die sechs Faktoren des Intellekts: Wahrnehmung, Wille, Vorstellungskraft, Gedächtnis, Intuition und logischer Verstand.

Wie kreieren wir ein Vorstellungsbild? Das Geistige löst einen Wunsch in uns aus. Dieser innere Wunsch will sich durch uns ausdrücken. Wir wollen etwas von innen heraus. Wenn du einen Menschen fragst, warum er etwas Bestimmtes will, kann er es dir nicht sagen. Auch wenn du ein Kind fragst „Warum willst du das?“, kann es dir keine Antwort geben. Das Kind will es, weil das Geistige ihm diesen Wunsch eingegeben hat. Das Geistige will sich durch das Kind ausdrücken.

Wenn der Wunsch unser Bewusstsein erreicht, verwandeln wir ihn mithilfe unserer Vorstellungskraft in etwas, das wir sehen und worüber wir sprechen können. Dann geben wir diesen Wunsch an die geistige Welt zurück. Wir übergeben ihn unserem Herzen. Dein Herz ist das geistige Zentrum deines Lebens; das Herz umfasst dein gesamtes Wesen. Dein Herz, dein geistiges Zentrum, spricht zu deinem Bewusstsein und lässt in dir einen Wunsch entstehen. Sobald du den Wunsch spürst, lässt du ihn mit deiner Vorstellungskraft größer und deutlicher werden und übergibst ihn deinem Herzen. Wenn du ihn wiederholt deinem Herzen übergibst, wird daraus ein Verlangen. Dieses ändert deine Schwingung und dadurch erhältst du neue Resultate. Durch den Gebrauch unserer höheren Fähigkeiten erschließen wir uns die Genialität, die sich in jedem von uns befindet.

Bei meinen Coachings fordere ich meine Klienten immer auf, mir genau zu sagen, was sie wollen. Die meisten Menschen wollen das nicht sagen. Sie scheuen davor zurück

und behalten ihr Verlangen lieber für sich, mit dem Gedanken „Was würdest du von mir denken, wenn ich dir sage, was ich wirklich will?"

„Zwei Prozent der Menschen denken, drei Prozent denken, dass sie denken, und 95 Prozent würden lieber sterben, als zu denken".

- Dr. Kenneth McFarland

Was du mir sagst, ändert nicht im Geringsten meine Meinung über dich. Ich habe nämlich bereits eine Meinung: Ich betrachte dich als ein absolutes Genie. Bringst du deine Genialität zum Ausdruck? Lässt du sie heraus? Kann sie frei fließen? Bei den meisten ist dies nicht der Fall. Wenn ich mich mit einem Menschen zusammensetze, will ich seine genauen Wünsche wissen. Wie willst du wirklich leben?

Beginne damit, deine höheren Fähigkeiten zu nutzen. Damit setzt du deine mentalen Kräfte frei. Mit deinem induktiven Verstandesfaktor kannst du dich mit dem reinen, unverfälschten Geist verbinden. Du kannst denken. Das geht unter Wasser, im Flugzeug, in der Badewanne, auf der Straße – einfach überall. Du verbindest dich mit dem Geistigen und pflückst kleine Teile heraus, um sie miteinander zu verknüpfen und daraus Ideen zu gestalten. Das ist die Aufgabe des induktiven Verstandesfaktors. Man kann ihn den „Denker" nennen. Allerdings haben ihn die meisten Menschen zu wenig entwickelt.

Henry Ford sagte, dass das Denken die schwerste Arbeit ist, die es gibt, und dass sich deswegen so Wenige darauf einlassen. Der Pädagoge Dr. Kenneth McFarland meinte: „Zwei Prozent der Menschen denken, drei Prozent denken, dass sie denken, und 95 Prozent würden lieber sterben, als zu denken". Da muss ich ihm wohl zustimmen. Solltest du noch glauben, dass alle Leute denken, brauchst du nur einmal darauf zu achten, was um dich herum so vor sich geht. Es ist offensichtlich, dass die meisten nicht denken.

Viele reden über die abscheulichsten Dinge. Ich möchte dann gern zu ihnen sagen: „Warum denkt ihr über so etwas nach? Warum seht ihr euch so was überhaupt an? Versteht ihr denn nicht, dass ihr zu dem werdet, woran ihr denkt? Durch euer Denken seid ihr damit im Einklang und so entsteht eine Anziehungskraft. Denkt lieber an etwas Gutes. Denkt darüber nach, was für ein dynamischer Generator ihr seid. Und denkt an die phänomenale Kraft, die zu und durch euch fließt. Denkt. Aber denkt richtig."

Kommen wir nun zur Wahrnehmung. Ich habe ja schon Dr. Wayne Dyer zitiert: „Wenn wir die Dinge anders betrachten, ändern sich die betrachteten Dinge".

Ab und an, wenn ich ein Problem habe, dessen Lösung mir schwerfällt, beschreibe ich es schriftlich so detailliert wie möglich, und zwar in der Gegenwartsform. Dann lege ich das Blatt mitten auf meinen Schreibtisch oder den Tisch im Esszimmer, setze mich hin und sehe es an mit den Worten: „Ist das Problem in mir oder auf dem Papier?" Vielleicht dauert es eine Weile, aber ich muss das Problem aus mir heraus und aufs Papier bringen. Nur auf diese Weise kann ich objektiv sein.

Ich frage mich: „Wie würde es Napoleon Hill betrachten?" Dann setze ich mich auf einen anderen Stuhl und frage mich: „Was würde Earl Nightingale dazu sagen?" Und anschließend gehe ich vielleicht noch ans Tischende und frage: „Was würde Henry Ford dazu meinen?"

Du kannst dich in den Geist von Ford oder Hill oder Nightingale hineinversetzen; du kannst dich mit ihrem Geist verbinden und das Problem aus deren Sicht betrachten. Auf diese Weise erhältst du viele verschiedene Sichtweisen und schon sehr bald wirst du das Problem anders wahrnehmen. Vielleicht stellst du fest, dass dein großes Problem eigentlich gar nicht so riesig ist.

Sprechen wir nun über die Intuition. Die Intuition ist eine mentale Fähigkeit, mit der du Schwingungen aufnehmen und sie deinem Gehirn verständlich machen kannst. Manchmal kannst du sie nicht verstehen, aber du kannst sie zumindest wahrnehmen.

Jeder Mensch, dem du begegnest, strahlt eine ungeheure Schwingungsenergie aus. Dadurch bringt er zum Ausdruck, was in seinen Gedanken und Gefühlen vor sich geht und was sein Verhalten lenkt. Mit deiner Intuition kannst du diese Energie wahrnehmen.

Ganz gleich, ob du meinst, eine hoch entwickelte Intuition zu haben; wenn du mit Menschen zusammen bist, nimmst du ihre Schwingung auf. Wenn jemand verärgert ist, fragst du dich sofort, woran das wohl liegt. Deine Intuition spürt diese Energie und lässt dich wissen, dass diese Person ein Problem hat.

Im Seminar gehe ich häufig auf eine Person zu und

lese ihre Energie wie aus einem Buch. Ich mache das, um den Teilnehmern zu zeigen, dass es geht, und wenn ich es kann, dann kannst du es auch. Immer wenn du siehst, dass jemand etwas tun kann, ist das schon der Beweis, dass es geht. Du hast dieselben Fähigkeiten wie der andere; was er kann, kannst du auch. Wir verfügen alle über psychische Talente – wirklich jeder von uns.

Mit deiner Intuition nimmst du Schwingungen auf und ständig strömen Informationen auf dich ein. Vielleicht denkst du an eine Person, mit der du schon lange nicht mehr gesprochen hast. Dann läutet dein Telefon und eben diese Person ist am anderen Ende. Du rufst: „Was für ein Zufall! Gerade hab‘ ich an dich gedacht." Aber das ist überhaupt kein Zufall. Das ist Gedankenübertragung und sie geschieht ständig. Mit deiner Intuition nimmst du sie wahr.

Wie kannst du nun deine Intuition entwickeln? Richte immer deine ganze Aufmerksamkeit auf deinen jeweiligen Gesprächspartner. Aber das tun die meisten Leute nicht. Die meisten konzentrieren sich nur auf sich selbst. Sie hoffen, dass ihre Krawatte richtig sitzt, sie befürchten, dass ihnen ein Essensrest am Mundwinkel hängt, oder sie fragen sich, was ihr Gegenüber wohl von ihnen hält. Du musst diesen ganzen Nonsens loslassen.

Hör damit auf, dich zu sorgen, was die Leute über dich wohl denken. Wenn du wüsstest, wie wenig sie an dich denken, dann würde es dich nicht kümmern, was sie denken.

Fokussiere deine ganze Aufmerksamkeit auf dein Gegenüber. Konzentriere dich und höre der Person zu. Höre ihr aktiv zu. Hör dir an, was sie zu sagen hat. Folge aufmerksam ihren Worten und widerstehe der Versuchung, sie unterbrechen zu wollen. Höre ihr zu, bis sie ausgeredet hat. Auf diese Weise entwickelst du allmählich deine Intuition, absolut. Intuition.

„Hör damit auf, dich zu sorgen, was die Leute über dich wohl denken. Wenn du wüsstest, wie wenig sie an dich denken, dann würde es dich nicht kümmern, was sie denken."

– Bob Proctor

Ein weiterer mentaler Faktor ist das Gedächtnis. Einmal lud ich den Gedächtnisexperten Harry Lorayne zu einem Event nach Toronto ein. Der Flug von New York City nach Toronto dauert eine Stunde. Auf dem Flug prägte sich Harry den Inhalt einer ganzen Zeitschrift ein.

Als Harry in Toronto ankam, ließ er von seinem Assistenten jede Seite mehrfach fotokopieren. 3.000 Teilnehmer kamen zu dem Event und wir verteilten Hunderte dieser Fotokopien. Harry stand am Einlass und begrüßte viele der Gäste.

Als er auf die Bühne trat, sagte er: „Stehen Sie jetzt bitte auf, wenn ich Sie am Eingang begrüßt habe". Eine große Anzahl von Personen erhob sich. Dann nannte er den Namen von jeder einzelnen. Wenn der Name schwer auszusprechen war, buchstabierte er ihn. Dann ließ er Teilnehmer eine zufällige Passage aus einer Fotokopie vorlesen und er vervollständigte anschließend den Text aus dem Gedächtnis. Er konnte auch genau sagen, welche Werbung auf der Seite zu sehen war. Die Teilnehmer waren verblüfft.

Es gibt keine Grenzen für unser Gedächtnis. Wir haben ein perfektes Erinnerungsvermögen. Diese mentalen Muskeln lassen sich auf phänomenale Weise entwickeln, aber dazu benötigen sie Training. Wenn ich täglich mit einem Arm Gewichte heben und den anderen in einer Schlinge ruhen lassen würde, dann wäre der eine in kurzer Zeit sehr muskulös und der andere völlig kraftlos. Mit unserem Geist ist es dasselbe. Was du nicht nutzt, verlierst du, und was du trainierst, wird stärker.

Der Wille ist eine weitere mentale Fähigkeit. Er befähigt uns, eine Idee auf unserem geistigen Bildschirm festzuhalten und alles andere auszublenden. Du weißt ja, unsere fünf Sinne wirken wie kleine Antennen. Sie nehmen allen möglichen äußeren Lärm wahr – eine Sirene, einen Rettungswagen, ein Polizeiauto oder eine Baustelle. Du kannst all das ausblenden und dich bewusst auf eine einzelne Idee fokussieren – mit deinem Willen.

Eine Energie fließt zu und durch uns. Wenn diese Kraft in uns einströmt, ist sie noch formlos. Sie ist reiner, unverfälschter Geist. Wir geben ihr eine Form und senden sie ins Universum zurück. Wenn du dich konzentrierst, erhöhst du die Amplitude deiner Schwingung und verstärkst sie noch.

Solltest du meinen, dass in der Konzentration keine Kraft steckt, dann stell dir mal diese Situation vor: Du läufst durch ein Einkaufszentrum und auf einmal fühlst du dich unwohl. Du spürst, dass dich jemand von hinten anstarrt; du drehst dich schnell herum und tatsächlich ist da jemand, der dich intensiv ansieht. Dann schaut er weg und geht seines Weges. Durch das Starren richtet er seinen Fokus auf dich. Er strahlt eine gewaltige Menge an Energie aus, und deshalb fühlst du dich unwohl.

Dein Unterbewusstsein akzeptiert alles, was du ihm eingibst. Deshalb ist es so wichtig, nur Gutes zu verankern.

Konzentration erhöht die Stärke deiner Schwingung, sie verstärkt die von dir ausgehende Energie. Wenn man mich fragt, ob sich die Zeit bis zur Zielerreichung verkürzen lässt, sage ich: ja, durch Konzentration. Konzentration erhöht die Stärke einer Schwingung. Je mehr Energie du auf dein Ziel richtest, umso kürzer wird die Inkubationszeit. Wir sollten mehr Energie auf unser Ziel lenken und dies können wir durch den Willen zur Konzentration. Es ist so wie in Wernher von Brauns Antwort auf Kennedys Frage, was nötig ist, um auf den Mond zu fliegen: der Wille, es zu tun.

Die Vorstellungskraft ist ein wunderbares Werkzeug. Alles, was jemals erschaffen wurde, entstand zuerst in der Vorstellung. Wenn du dir etwas vorstellst und diese Vorstellung an dein Unterbewusstsein übergibst, weiß es nicht, ob sie real ist oder nicht. Wie wir gesehen haben, kennt das Unterbewusstsein keine Moral. Damit verhält es sich so wie der Erdboden, der jede Pflanze sprießen lässt, die du in ihn einpflanzt. Und so akzeptiert dein

Unterbewusstsein alles, was du ihm eingibst. Deshalb ist es so wichtig, sich nur Gutes vorzustellen und wunderbare Ideen zu entwerfen.

Wir sind alle Genies und du erschließt deine Genialität, indem du deine höheren Fähigkeiten entwickelst. Das Geistige ist allgegenwärtig. Gedanken sind allgegenwärtig. Du wählst die gewünschten Gedanken aus, fügst sie zusammen und kreierst so eine Idee. Halte an dieser Idee fest, sobald sie feststeht. So wird daraus dein Ziel.

Kapitel 5

So kommt der Reichtum zu dir

Dieses Kapitel möchte ich mit einem Zitat von Napoleon Hill einleiten:

> Geld in großen Mengen fließt so leicht wie bergab strömendes Wasser zu denen, die es anzuhäufen verstehen. Es existiert ein großer, unsichtbarer Energiestrom, der sich mit einem Fluss vergleichen lässt. Allerdings fließt die eine Seite in eine Richtung, die alle, die sich auf dieser befinden, vorwärts zum REICHTUM befördert, während die andere Seite in die entgegengesetzte Richtung strömt und alle, die unglücklicherweise hineingeraten sind (und sich nicht daraus befreien können), abwärts zu ARMUT und Elend bringt.

„Wenn Reichtum an die Stelle von Armut tritt, so geschieht dieser Wandel meist durch wohldurchdachte und sorgfältig ausgeführte Pläne. Armut braucht keinen Plan."
– Napoleon Hill

Alle, die großen Reichtum angesammelt haben, sind sich der Existenz dieses Lebensstroms bewusst. Er manifestiert sich in unserer Denkweise. Die positiven Gedankenformen bilden die Flussseite, die zum Reichtum führt, und die negativen Gedankenformen bilden die Seite, die zur Armut führt.

Dieser Gedanke ist ungeheuer wichtig für jeden, der diese Zeilen mit der Absicht liest, sich ein Vermögen aufzubauen. Solltest du dich auf der Seite des Flusses befinden, die zur Armut führt, können sie dir als Ruder dienen, um auf die andere Flussseite zu kommen. Das geht aber nur mit Übung und Anstrengung. Dies alles einfach nur zu lesen und dann zu beurteilen, sei es positiv oder negativ, wird dir in keiner Weise von Nutzen sein.

Armut und Reichtum wechseln oft einander ab. Die Armut tritt nur allzu gern an die Stelle des Reichtums. Wenn Reichtum an die Stelle von Armut tritt, so geschieht dieser Wandel meist durch wohldurchdachte und sorgfältig ausgeführte Pläne. Armut braucht keinen Plan. Sie braucht auch keinerlei Unterstützung, denn sie ist dreist und unbarmherzig. Der Reichtum ist sehr scheu und zurückhaltend. Man muss ihn „anziehen".

In Kapitel 6 von *Die Wissenschaft des Reichwerdens* schreibt Wattles:

> Wenn ich sage, dass du niemanden übervorteilen sollst, so meine ich damit nicht, dass du überhaupt nicht verhandeln sollst oder dass du über der Notwendigkeit stehst, mit anderen Menschen in Beziehung zu treten. Ich meine damit, dass du andere nicht unfair behandeln darfst; du darfst nicht versuchen, etwas ohne Gegenleistung zu erhalten. *Du kannst jedem Menschen mehr geben, als du von ihm entgegennimmst.*
>
> Du kannst einer Person nicht mehr Geld geben, als du von ihr entgegennimmst, aber du kannst ihr mehr Nutzen bieten, als dein Produkt oder deine Dienstleistung kostet. Das Papier, die Druckerfarbe und die anderen Materialien dieses Buches sind vielleicht nicht das Geld wert, das du dafür ausgegeben hast. Wenn dir die Ideen in diesem Buch aber Tausende von Dollar bringen, dann hat der Buchverkäufer dir kein Unrecht getan. Du hast für einen geringen Geldbetrag einen hohen Nutzwert erhalten.

Nehmen wir einmal an, ich besitze ein Gemälde eines großen Künstlers, das in jeder zivilisierten Gesellschaft Tausende von Dollar wert ist. Ich bringe es in den Norden Kanadas und verleite durch „verkäuferisches Geschick" einen Eskimo dazu, mir dafür ein Bündel Felle im Wert von 500 Dollar zu geben. Ich habe ihn wirklich übervorteilt, da er für das Bild keine Verwendung hat. Es hat keinen Nutzwert für ihn und wird sein Leben nicht bereichern.

Wenn wir aber annehmen, dass ich ihm ein Gewehr im Wert von 50 Dollar für seine Felle gebe, so hat er ein gutes Geschäft gemacht. Er kann das Gewehr gebrauchen; es wird ihm zu mehr Pelzen und mehr Nahrung verhelfen. Es wird jeden Aspekt seines Lebens bereichern, und es wird ihn reich machen.

Wenn du dich von der Konkurrenzebene auf die Schöpfungsebene emporhebst, kannst du dein Verhalten im Geschäftsleben sehr genau überwachen. Wenn du bemerkst, dass du im Begriff bist, einer Person etwas zu verkaufen, dessen zusätzlicher Nutzen für ihr Leben nicht größer ist als der Gegenwert, den du von ihr dafür erhältst, so kannst du es dir leisten, diesen Verkauf sein zu lassen. Du brauchst im Geschäftsleben niemanden zu übervorteilen, und wenn du in einem Geschäft bist, das andere übervorteilt, so verlasse es sofort.

Gib anderen mehr an Nutzwert, als sie von dir an Geldwert entgegennehmen, denn damit fügst du dem Leben auf der Welt mit jedem Verkauf etwas Positives hinzu.

Viele sprechen über ihr Stück vom Kuchen und kommen zu dem Schluss: „Wenn ich mehr vom Kuchen will, dann kriegt jemand anderes entsprechend weniger". Aber so ist das gar nicht. Der Trick besteht darin, den Kuchen größer werden zu lassen, damit jeder mehr davon bekommt.

Das Gesetz der Kompensation besagt, dass dein Einkommen stets im direkten Verhältnis steht zum Bedarf an deiner Tätigkeit, zu deiner Fähigkeit, sie auszuüben, und zu der Schwierigkeit, dich zu ersetzen. Du brauchst dich nur auf einen dieser drei Schritte zu konzentrieren: auf deine Fähigkeit, sie auszuüben. Du musst deine Tätigkeit meisterhaft beherrschen.

Frage dich daher, wie gut du darin bereits bist.

Jeder wünscht sich Freiheit – Zeit- und Geldfreiheit. Du wirst erstaunt sein, wie viel freie Zeit du auf einmal hast, wenn du nicht mehr über Geld nachdenken musst. Ich kann mich noch gut erinnern, wie es war, als ich ständig über Geld nachdachte, weil ich bei allen möglichen Leuten verschuldet war. In einer solchen Situation wird dein Denken vom Geld beherrscht, weil deine Gläubiger einfach nicht lockerlassen wollen.

Das Gesetz der Kompensation besagt, dass dein Einkommen stets im direkten Verhältnis zu diesen drei Faktoren steht:

1. Der Bedarf an deiner Tätigkeit
2. Deine Fähigkeit, sie auszuüben
3. Die Schwierigkeit, dich zu ersetzen.

Dauernd rufen sie dich an mit der Frage: „Wo bleibt mein Geld?" Wenn du dir mehr freie Zeit wünschst, musst du alle deine Geldprobleme bereinigen – weg damit!

Wenn du nicht mehr über Geld nachzudenken brauchst, wirst du erstaunlich viel freie Zeit haben. Jetzt verbringe ich fast meine gesamte Zeit damit, mir gemeinsam mit brillanten Leuten zu überlegen, wie viele Millionen wir verdienen wollen. Dann sprechen wir über die Ursache oder Grundlage. Wenn du 10 Millionen Dollar verdienen willst, musst du einen Service bieten, der 10 Millionen wert ist. Wie kann ich also eine Dienstleistung im Wert von 10 Millionen anbieten? Sie braucht sich nicht an eine einzige Person zu richten, ich kann sie überall anbieten.

Im Zitat am Anfang dieses Kapitels vergleicht Napoleon Hill das Geld mit einem Fluss, und damit hat er Recht. Die eine Seite des Flusses bewegt sich auf Wohlstand und Reichtum zu, während die andere in die entgegengesetzte Richtung strömt – hin zu Armut, Mangel und Begrenzung. Mache es dir zur Gewohnheit, hinter dem großen Geld her zu sein.

Es gibt nur drei Strategien, um Geld zu verdienen. Du kannst diese Strategien auf vielfältigste Weise anwenden, aber es sind und bleiben drei: M1, M2 und M3. In meiner Kindheit hat man mir praktisch nichts über das Geldverdienen beigebracht. In der Schule lernte ich nichts darüber, es wurde einfach nicht darüber gesprochen. Auch nachdem ich die Schule verlassen hatte und irgendwelche Jobs annahm, sprach niemand über Geld. Ich wusste nichts vom Geldverdienen und so wendete ich immer nur die Strategie M1 an, die kleinste

Die drei Strategien für das Geldverdienen:

1. M1: Zeit gegen Geld tauschen (96 % der Bevölkerung)
2. M2: Geld investieren, um Geld zu verdienen (3 % der Bevölkerung)
3. M3: Multiple Einkommensquellen durch die Leistung anderer (1 % der Bevölkerung)

der drei. Über die Strategie M3 bin ich rein zufällig gestolpert. Ich verstand überhaupt nicht, was da geschah, aber auf einmal vervielfachte sich mein Einkommen, ohne dass ich wusste, wie ich es anstellte.

Die meisten befolgen die Strategie M1. Genauer gesagt sind es 96 Prozent, die dieser Strategie folgen. Aber sie ist nicht gut, denn hierbei tauscht man Zeit gegen Geld. Es ist mir egal, wie viel du pro Stunde verdienst: Wenn du per Stundensatz entlohnt wirst, machst du etwas falsch. Lass dich pro Auftrag bezahlen und nicht pro Stunde.

M2 ist eine exzellente Strategie. Allerdings nutzen sie nur drei Prozent der Bevölkerung, nur drei von hundert Menschen, und zwar aus einem sehr guten Grund. Bei dieser Strategie investiert man Geld, um Geld zu verdienen. Die meisten Leute haben aber kein Geld, das sie investieren könnten. Deshalb nutzen nur drei Prozent diesen Ansatz.

Nur ein Prozent der Menschen nutzen die Strategie M3. Darüber bin ich damals in den sechziger Jahren gestolpert. Ich hatte absolut keine Ahnung, wie ich es machte, schließlich besaß ich keinerlei Ausbildung oder geschäftliche Erfahrung, und doch stieg mein Einkommen innerhalb eines Jahres von 4.000 Dollar im Jahr auf 14.500 Dollar im Monat. Monatlich 14.500

Dollar ergeben hochgerechnet ein Jahreseinkommen von 175.000 Dollar. Wenn ein Jahreseinkommen von 4.000 auf 175.000 steigt, muss schon etwas sehr Dramatisches passiert sein.

Ich brauchte einige Jahre, um zu begreifen, was da geschehen war. Wie kam es, dass ich so viel Geld verdiente? Ich war in dem Glauben aufgewachsen, dass man sehr klug sein muss, wenn man viel Geld verdienen will. Aber ich wusste, dass ich nicht besonders schlau war. Man braucht auch nicht besonders klug zu sein. Man muss sich nur auf der richtigen Seite des Flusses befinden. Dort vervielfachst du deine Zeit durch die Anstrengungen anderer, du baust dir multiple Einkommensquellen auf und vervielfachst dadurch auch deine Zeit. Ein jeder kann diese Methode nutzen. Müssen alle diese Einkommensquellen gleich groß sein? Nein. Einige sind vielleicht groß, andere klein, und manche funktionieren auch gar nicht; arbeite einfach daran, immer besser zu werden.

Wattles schreibt weiter:

> Wenn du auch dafür sorgen kannst, dass dein Reichtum aus der alles durchdringenden formlosen Substanz entsteht, so bedeutet dies nicht, dass dein Vermögen sich augenblicklich aus der Luft materialisiert und vor deinen Augen Gestalt annimmt.

> Wenn du zum Beispiel eine Nähmaschine willst, so möchte ich vorschlagen, dass du zuerst sicherstellst, dass du das Bild der Maschine in deinem Geist deutlich vor dir siehst. Dann kannst du den Gedanken an eine Nähmaschine der denkenden Substanz aufprägen. Wenn du also eine Nähmaschine willst, dann halte an ihrem geistigen Bild mit der absoluten Sicherheit fest, dass sie gerade hergestellt wird oder auf dem Weg zu dir ist. Wenn du den Gedanken erschaffen hast, musst du absolut und unbeirrbar daran glauben, dass die Nähmaschine zu dir kommt. Kein Gedanke und kein Wort dürfen dein Vertrauen erschüttern, dass sie auf dem Weg zu dir ist. Fühle dich bereits als ihr Besitzer.

Kurz gesagt brauchst du ein Vorstellungsbild von dem, was du von der geistigen Welt haben willst. Es muss ein sehr klares Bild sein. Und dann musst du es der „denkenden Substanz“ aufprägen, wie Wattles sie nennt. Genau dieses von dir eingepflanzte Bild wird auf dich zukommen, da mit dem Einpflanzen eine ganz bestimmte Schwingung einhergeht, und diese bestimmt darüber, was du anziehst.

Napoleon Hill drückt es wunderbar so aus: „Die Vorstellungskraft ist die herrlichste, wunderbarste, unglaublich mächtigste Kraft, welche die Welt je gesehen hat". Ein anderer großer Lehrmeister der Gedankenkontrolle – Neville Goddard, der meistens nur „Neville“ genannt wird – schrieb in seinem Buch *Die Macht des Bewusstseins*: „Du musst dich in deiner Vorstellung in den Zustand deines erfüllten Verlangens versetzen. Dies ist keine bloße Einbildung, sondern eine Wahrheit, die sich durch Erfahrung beweisen lässt.“

Du beginnst bei der Erfüllung deines Wunsches. Dies nennt man „*Denken vom Ende her*“. Neville sagte: „Das Denken vom Ende her ist überwältigend real“. Dabei dürfen wir in unseren Gedanken nicht einfach so tun, als handele es sich um etwas außerhalb von uns selbst, um etwas, das wir nicht haben. Unsere Gedanken müssen die Idee widerspiegeln, dass wir es bereits besitzen. Nur dann kann es zur Realität werden. Es ist so, wie Neville schrieb: „Entschlossene Vorstellungskraft, das Denken vom Ende her, ist der Anfang aller Wunder. Die Zukunft muss in der Vorstellung desjenigen, der seine Umstände weise und bewusst kreiert, zur Gegenwart werden.“

Wir kreieren die Umstände und deshalb müssen diese unser Ausgangspunkt sein. Die Zukunft wird in unserer Vorstellung zur Gegenwart.

Wir denken nicht darüber nach, wie wir sie erreichen können. Wir sind bereits dort. Wir sind mittendrin.

Neville meint dazu: „Wir müssen die Vision ins Sein übertragen und das Denken an in das Denken von. Die Vorstellungskraft muss sich in einer Sichtweise verfestigen und die Welt von dieser Sichtweise aus betrachten. Vom Ende her zu denken bedeutet, die Welt des erfüllten Verlangens intensiv wahrzunehmen. Vom gewünschten Zustand her zu denken, bedeutet, kreativ zu leben. Wenn man diese Fähigkeit, vom Ende her zu denken, ignoriert, legt man sich selbst Fesseln an. Dies ist die Wurzel aller Fesseln, die sich der Mensch anlegt. Sich passiv der Evidenz der Sinne hinzugeben, [dem, was wir in unserer physischen Welt sehen, und dabei die ganze nicht-physische Welt, die wir uns erschließen können, zu ignorieren] ist ein Unterschätzen der Fähigkeiten des inneren Selbst. Sobald ein Mensch das Denken vom Ende her als schöpferisches Prinzip anerkennt, an dem er teilhaben kann, ist er frei von dem absurden Versuch, sein Ziel durch bloßes daran denken zu erreichen."

„Eine entschlossene Vorstellungskraft,
die vom Ende her denkt,
ist der Anfang aller Wunder."
- Neville Goddard

Wenn wir unsere Vorstellungskraft einsetzen, besteht unser Ziel nicht darin, in unserem Denken so zu tun, als handele es sich um etwas außerhalb von uns selbst. Unser Ziel muss es sein, das Angestrebte als real zu fühlen.

Sieh es doch mal so: Wir leben in einer spirituellen Welt. Wir sind spirituelle Wesen. Wir leben in einem physischen Körper und machen eine körperliche Erfahrung. Wir besitzen einen Intellekt, der uns mit der spirituellen, nicht-physischen Welt verbindet. Dies ist die Welt der Gedanken. *Gedanke* und Geist sind Synonyme. Wir können uns mit dieser nicht-physischen Welt verbinden und jede gewünschte Idee wählen. Aus den gewählten Gedanken gestalten wir eine Idee und halten mit unserem Intellekt diese Idee fest. Earl Nightingale sagte: „Dieser große Traum, dieses emporstrebende, dynamische Etwas, das für alle Welt unsichtbar bleibt, außer für die Person, die daran festhält, ist für alle großen Fortschritte der Menschheit verantwortlich."

Du hast einen großen, schönen Traum und verwandelst ihn in ein Ziel. Aber wie? Am Beginn steht deine Vorstellungskraft. Dies ist das Reich der Fantasie. Du träumst davon, was alles möglich ist und was du dir für dich wünschst.

Und schon bald hast du dich auf etwas festgelegt, das du haben willst, aber bis jetzt ist es nur eine Theorie. Um sie in ein Ziel zu verwandeln, musst du dir zwei Fragen stellen: *„Will ich es?"* und *„Bin ich fähig?"* Aus allem, worüber wir hier sprechen, geht hervor, dass du fähig bist. Du könntest nicht etwas lieben, du könntest es nicht wollen, wenn du nicht fähig wärst, es auch zu erreichen. Wenn du diese Wahrheit verinnerlichst und dir immer bewusster wirst, wer du bist und welches unendliche Potenzial in dir steckt, kannst du diese Frage sehr leicht beantworten: *Ja, ich bin fähig.*

Jetzt musst du die Frage beantworten, ob du es willst. „Will ich alles tun, was erforderlich ist, um dieses Ziel zu erreichen?" Diese „Visioneering" genannte Technik ermöglicht es dir, auf unbewusster Ebene mit der gewünschten Idee zu verschmelzen. Mit dieser Technik kannst du dein Paradigma verändern. Wenn du dein Denken mit einem Ziel verknüpfst, kannst du in deinem Leben Großartiges vollbringen. Mit dem Visioneering beginnst du tatsächlich, durch den effektiven Einsatz deiner höheren Fähigkeiten deine eigene Welt zu erschaffen. Du erschaffst ein Bild von dem, was du dir wünschst, und hältst daran fest.

Dein Geist, die höhere Seite deiner Person, ist bei

weitem der größere Teil. Dein physisches Selbst stellt nur einen winzigen Teil deines wahren Wesens dar. Dein Geist besteht aus zwei unterschiedlichen Aspekten. Mit deinem Bewusstsein kannst du Ideen akzeptieren oder ablehnen sowie auch eigene Ideen kreieren. Dein Unterbewusstsein aber funktioniert ganz anders: Es kennt keinen Unterschied zwischen Vorstellung und Realität. Es muss alles akzeptieren, was du ihm eingibst. Was gibst du ihm ein?

Im Bewusstsein sitzt auch unser Intellekt. Dort liegen deine höheren Fähigkeiten. Diese höheren Fähigkeiten – Wahrnehmung, Wille, Verstand, Vorstellungskraft, Intuition und Gedächtnis – kannst du nutzen, um dein Paradigma zu ändern und ein neues zu gestalten.

Beim Visioneering fokussieren wir uns auf zwei davon: die Vorstellungskraft und den Willen. Mit ihrer Hilfe verbinden wir uns mit der nicht-physischen Welt, wir kreieren ein Vorstellungsbild und erhöhen dadurch unsere Schwingung – weil wir unser Paradigma geändert haben. Unser Paradigma bestimmt über unsere Schwingung und lässt so durch das Gesetz der Anziehung nur das in unser Leben treten, womit wir im Einklang sind. Das Visioneering ist ein unglaublich kraftvolles Tool.

„Visioneering: Verbinde dich mithilfe deiner Vorstellungskraft mit der nicht-physischen Welt, kreiere ein Bild, ändere deine Schwingung und du wirst das Gewünschte anziehen."
– Sandy Gallagher

Ich empfehle dir, diese Übung täglich durchzuführen, als Erstes am Morgen und als Letztes vor dem Einschlafen. Ich beschäftige mich damit den ganzen Tag lang. Sobald du richtig gut darin bist, kann schon eine Minute viel bewirken. Dann ist es so, als ob du das Licht einschaltest. Du fühlst den Wandel in deiner Schwingung. Dann weißt du, dass du es richtig machst.

Um mit der Manifestation unseres Wunschs zu beginnen, koppeln wir uns zunächst von unseren Sinnen ab. Wir bringen den Wunsch auf unseren geistigen Bildschirm und kreieren ein großes, schönes Bild. Wir lassen unserer Fantasie freien Lauf, damit aus dem Wunsch ein brennendes Verlangen wird. Es spielt dabei keine Rolle, was andere Leute denken. Es ist egal, was dein Paradigma denkt. Es ist auch unerheblich, ob dein Paradigma das alles für verrückt hält.

Geneviève Behrend formulierte es so: „Schule dich in

der Übung, dir dein Verlangen bildlich vorzustellen und dieses Bild dann sorgfältig zu analysieren.“ Frage dich, ob du bereits ein wirklich klares Bild deines Wunsches vor dir siehst. Erblickst du auf deinem geistigen Bildschirm ein schönes Bild? Hast du das Bild analysiert, ob es alle für dich wichtigen Elemente enthält? Sobald du dieses Bild an dein Unterbewusstsein übergibst, kommen deine Emotionen ins Spiel. Ein unklares Bild ergibt auch eine unklare Verwirklichung.

Durch diese Übung werden dir deine Gedanken und Wünsche schon bald als sehr viel geordneter erscheinen als jemals zuvor. Du kommst jetzt mithilfe der Gesetze voran. Du bewegst dich auf das ersehnte Gute zu und es kommt gleichzeitig auch auf dich zu. Du ziehst es an und wirst aktiv.

Durch diese Übung schwingen sich deine Gedanken und Wünsche aufeinander ein und es entsteht eine Harmonie zwischen deinem Bewusstsein, deinem Unterbewusstsein und deinem Körper. Alles ist stimmig. Du hast dein Paradigma geändert und bist nun im harmonischen Einklang mit deinem ersehnten Guten.

„Wenn du einen Zustand der mentalen Ordnung erreicht hast, bist du nicht länger im Dauerzustand der mentalen Hast. Hast ist Angst und daher destruktiv.“ Du hast nun einen Zustand der mentalen Ordnung erreicht und bist dir über deine Wünsche im Klaren. Du hast dein Paradigma geändert und erfährst in deinem Leben mehr Freude, mehr Schönheit und mehr Wachstum.

Bevor du das erreichst, wirst du eine Phase durchlaufen, in der nicht alles in perfekter Ordnung ist, weil noch ein Unterschied besteht zwischen dem, was sich in deinem Bewusstsein abspielt und dem, was in deinem Unterbewusstsein passiert. Aber in dem Moment, in dem dein Glaube mit deinem Zustand übereinstimmt, findet die Verschmelzung statt. Dann hast du eine höhere Schwingungsfrequenz erreicht und ziehst eine ganz andere Kategorie von Gedanken an. Du hast dein Bewusstsein erhöht.

Neville drückt es so aus: „Es wird zu deinem Heim, von wo aus du die Welt betrachtest. Es ist deine Werkstatt. Wenn du aufmerksam bist, siehst du, wie die äußere Realität sich deinem Vorstellungsmodell entsprechend formt."

Dein Unterbewusstsein akzeptiert alles, was du ihm eingibst, und macht sich an die Arbeit. Es verändert daran nichts. So wie die Erde alles wachsen lässt, was du ihr einpflanzt.

Wattles schreibt:

Denke stets daran, dass die denkende Substanz in allem ist, mit allem kommuniziert und alles beeinflussen kann. Das Verlangen der denkenden Substanz nach mehr Leben und besseren Lebensbedingungen hat zur Produktion aller Nähmaschinen geführt, die jemals hergestellt wurden, und sie kann die Produktion weiterer Millionen von Maschinen veranlassen. Sie wird dies immer dann tun, wenn die Menschen sie durch Verlangen und Glauben aktivieren und wenn sich diese auf die bestimmte Art und Weise verhalten.

Selbstverständlich kannst du bei dir zuhause eine Nähmaschine haben. Du kannst alles haben, was du willst, solange du es für den Fortschritt deines eigenen Lebens und des Lebens anderer einsetzt.

Sei nicht zurückhaltend mit deinen Wünschen. Jesus sagte: „Es macht eurem Vater große Freude, euch das Reich Gottes zu schenken."

Die Ursubstanz will so umfassend wie möglich in dir leben; sie will, dass du alles hast, was du für ein Leben in absoluter Fülle gebrauchen kannst.

„Denke stets daran, dass die denkende Substanz in allem ist, mit allem kommuniziert und alles beeinflussen kann."

- Wallace Wattles

Kapitel 6

Der Gebrauch der Willenskraft

In diesem Kapitel zeige ich dir etwas, was jeder lernen sollte und worüber doch kaum jemand Bescheid weiß: den Gebrauch der Willenskraft. Damit kannst du dein Paradigma wirklich verändern. Wattles schreibt:

> Wenn du weißt, was du zu denken und zu tun hast, solltest du deinen Willen gebrauchen, um dich selbst dazu zu bringen, auch das Richtige zu denken und zu tun. Das ist der legitime Gebrauch deines Willens, um das Gewünschte zu erhalten: Ihn einzusetzen, um selbst stets auf dem richtigen Kurs zu bleiben. Gebrauche deinen Willen, damit du jederzeit auf die bestimmte Art und Weise denkst und handelst.

Sieh es mal so: Auf der einen Seite ist die Unwissenheit und auf der anderen ist das Wissen. Jetzt in diesem

Moment strömt eine Kraft in dein Bewusstsein und du kannst daraus alles nur Erdenkliche formen. Du hast die Fähigkeit, alles zu denken, was du willst.

Sagen wir, du schaust dir deine Finanzen an und es ist gerade der 15. des Monats. Vor Ende des Monats musst du unbedingt 5.000 Dollar auftreiben. Du hast praktisch nichts auf dem Konto und keine Idee, wo das Geld herkommen soll Was solltest du jetzt denken und was wirst du denken?

Die Kraft strömt herein. Du kannst alles denken, was du willst. Ich will dir sagen, was die meisten tun: Sie erschaffen eine negative Idee. Sie arbeiten hart und sagen sich: „Ich werde mich mit allem reinhängen, was ich habe“, aber sie machen sich Sorgen und zweifeln daran, dass sie es schaffen werden. Sie lassen sich mit ihren Gefühlen auf eine Idee ein, die in ihnen Angst erzeugt.

Was ist hier passiert? Sie nutzen diese in sie einströmende Kraft, aus der man alles machen kann, um ein negatives Konzept zu kreieren. Sie sehen, was sie nicht wollen, und steigern sich mit ihren Emotionen hinein. Sie erschaffen mit dieser Energie ein Bild und lassen dieses Bild auf ihrem geistigen Bildschirm aufleuchten. So entsteht die Angst.

Alles, was wir unserem Unterbewusstsein eingeben, muss sich ausdrücken, und so wächst in den Menschen ein Beklemmungsgefühl. Falls du ein solches Beklemmungsgefühl spürst, liegt genau hier dein Problem. Aber das ist noch nicht das Ende, denn wenn die Beklemmung sich nicht ausdrücken kann, neigen wir dazu, sie zu unterdrücken. Wir fressen alles in uns hinein und schon bald ist die Hölle los. Wir begreifen nicht, dass wir es mit einem formbaren, empfindlichen Instrument zu tun haben – unserem Körper. Wenn wir Energie unterdrücken, entsteht daraus eine Depression. „Die Welt ist fürchterlich. Was soll ich bloß tun?" Und die Depression wandelt sich in das Einzige, was sie werden kann – sie wird zur Krankheit. Der Körper bricht zusammen. Dies ist eine langsame Form des Selbstmords. Wir sterben nicht, sondern wir töten uns selbst.

Kehren wir zu unserem Problem zurück. Unser Konto ist leer und wir brauchen 5.000 Dollar. Wir haben keine Ahnung, wie wir darankommen sollen. Du fragst dich: „Wie konnte es nur so weit kommen? Ich hab' keine Ahnung." Du meinst, die Ursache des Problems liegt darin, dass du nicht genug Geld hast. Aber das ist überhaupt nicht die Ursache. Das ist nur ein Symptom.

Der Grund liegt in unserer Unwissenheit.

Du bist doch am Denken, oder? Klar bist du das!

Du kannst alles denken, was du willst. Warum also solltest du Beklemmungsgefühle in dir hervorrufen? Du bist unwissend, aber weißt du was? Unwissenheit wird nicht geduldet. Sicher kannst du sagen, dass du es nicht besser wusstest – aber Mist, du verlierst trotzdem. Ein Kleinkind, das vor ein Auto läuft, wird wahrscheinlich überfahren – es weiß eben nichts von der Gefahr. Tragisch. Ein Kind fällt vom Balkon eines siebenstöckigen Gebäudes. Du rufst: „Mein Gott! Wie konnte Gott das zulassen?" Aber Gott hat nichts damit zu tun. Das kleine Kind war auf die Brüstung geklettert. Die Eltern waren das Problem, sie haben nicht auf ihr Kind aufgepasst. Das Kind wusste nichts von der Gefahr, aber Unwissenheit wird nicht geduldet.

Erkennst du, worauf ich hinauswill? In all diesen Fällen nutzen Menschen den Willen, aber sie tun es auf die falsche Weise. Sag mir also nicht, dass sie nicht wissen, wie man die Willenskraft einsetzt. Sie gebrauchen den Willen ständig und konzentrieren sich auf das Problem, bis sie davon krank werden. „Ich hab' kein Geld. Was soll ich bloß tun?"

Du könntest aufwachen und das Licht hereinlassen. Blinder Glaube ist nutzlos. Ein auf Unwissenheit beruhender Glaube ist bloßes Wünschen – ein nutzloser Nonsens in unserem Denken. Aber ein auf Verständnis beruhender Glaube ist der Schlüssel zur Freiheit.

Wir müssen begreifen, dass im gesamten Universum bestimmte Gesetzmäßigkeiten gelten. Und wir müssen verstehen, dass alles auf der physischen Ebene aus dem Nicht-Physischen kam. Wir selbst haben Mangel und Begrenzung erschaffen. Wir haben es angefordert und wir haben es erhalten.

Was ist das Gegenteil davon? Wir müssen etwas verstehen, wir müssen das Gesetz der Gegensätze verstehen. Wir müssen begreifen, wie das Manifestieren funktioniert. Und wir müssen erkennen, dass wir als schöpferische Wesen die Fähigkeit haben zu wählen. Studieren ist die einzige Möglichkeit, dieses Verständnis zu entwickeln. Es gibt keinen anderen Weg. Du musst studieren und lernen.

Es klingt absurd, aber wenn du trotz deines leeren Bankkontos an dem Bild festhältst, dass dir 5.000 Dollar oder mehr zur Verfügung stehen, dann wird das Geld auch da sein. Ich weiß nicht, woher, aber ich weiß, dass es da sein wird. Mach dir deswegen keine Sorgen. Verschwende keinen Gedanken daran, dass du es nicht haben könntest. Halte am Bild des Gewünschten fest und verankere es in deinem Unterbewusstsein.

„Alles auf der physischen Ebene kam aus dem Nicht-Physischen. Wir selbst haben Mangel und Begrenzung erschaffen. Wir haben es angefordert und wir haben es erhalten."

– Bob Proctor

Du hast den Glauben. Glaube ist die Fähigkeit, das Unsichtbare zu sehen und vom Unglaublichen überzeugt zu sein, und dies erlaubt es dir, das zu erhalten, was die Massen für unmöglich halten. Glaube drückt sich in Wohlbefinden aus und nicht in Beklemmung. Das Wohlbefinden wollen wir nicht unterdrücken, sondern zum Ausdruck bringen. Jetzt verstehst du und erschaffst das Gute, das du dir wünschst. Es wird da sein.

Du hast die Wahl. Du kannst den Weg der Nicht-Kontrolle einschlagen. So leben die meisten. Sie haben keinerlei Kontrolle über sich selbst. Oder du kannst den anderen Weg einschlagen und die Kontrolle übernehmen. Wir wollen unser Leben im Griff haben. Ich übernehme die Kontrolle über mich selbst.

Wir müssen den schöpferischen Prozess verstehen: Wenn wir sagen, was wir wollen, und es erwarten, wird es sich in unserem Leben manifestieren, und zwar so sicher, wie wir auf dem Erdboden stehen. Dies ist eine so grundlegende Wahrheit und doch wird sie von so Vielen missverstanden. Sobald wir dieses Prinzip wirklich begreifen, ändert sich alles in unserem Leben.

Da der Glaube so immens wichtig ist, musst du unbedingt auf deine Gedanken achten. Da dein Glaube zum großen Teil von dem geprägt wird, was du siehst und woran du denkst, ist es wichtig, dass du deine Aufmerksamkeit nur auf das richtest, was du willst. Dein Fokus ist der Schlüssel. Der Energiefluss folgt deinem Fokus. Daher solltest du den Energiefluss unter Kontrolle haben.

Aber in Wahrheit ist es so: Die meisten leben für einen Teil der Zeit auf die eine Weise und dann wieder eine Zeitlang auf die andere Weise. Manchmal tun sie so, als ob sie die Kontrolle hätten, und dann verhalten sie sich wieder so, als ob dies nicht der Fall wäre. Ich will dir den Gedanken nahelegen, dass du absolut nicht so zu leben brauchst. Auch ich lebe ab und zu so, aber immer nur für ein paar Minuten, niemals für längere Zeit. In der Sekunde, in der ich diese Schwingung in mir spüre, stoppe ich sie, weil ich weiß, was ich mir da antue, und ich kehre zu einer positiven Geisteshaltung zurück.

„Wenn wir sagen, was wir wollen, und es erwarten, wird es sich in unserem Leben manifestieren, und zwar so sicher, wie wir auf dem Erdboden stehen."
– Bob Proctor

Kapitel 7

Die Macht der Dankbarkeit

Das siebte Kapitel im Buch *Die Wissenschaft des Reichwerdens* ist ganz der Dankbarkeit gewidmet. Wattles schreibt dazu:

> Der erste Schritt zum Reichwerden besteht darin, die Vorstellung deiner Wünsche der formlosen Substanz zu übermitteln.
>
> Da dem so ist, musst du dich mit der formlosen Intelligenz in harmonischer Weise verbinden.
>
> Es ist von solch allergrößter und lebenswichtiger Bedeutung, diese harmonische Beziehung sicherzustellen, dass ich hierauf näher eingehen will. Wenn du den Anweisungen folgst, die ich dir geben werde, so erlangst du eine vollkommene Einheit im Geiste mit Gott.
>
> Der ganze Vorgang der mentalen Anpassung und Einstimmung kann in einem Wort zusammengefasst werden: Dankbarkeit.

Er spricht hier über die mentale Anpassung. Immer wenn wir frustriert sind, immer wenn wir uns niedergeschlagen fühlen, immer wenn unsere Schwingung nachlässt, liegt die Ursache in unserem Denken, und daher müssen wir etwas an unserem Denken ändern. Wir müssen mit dem gewünschten Guten in Einklang kommen und alles loslassen, das uns ärgert oder frustriert.

Dieser ganze Prozess hat auch etwas mit der Einstimmung zu tun. Sich einzustimmen bedeutet zu vergeben und loszulassen. Wir tun dies, weil wir uns auf unser ersehntes Gutes einstimmen wollen. Wir wollen damit in Harmonie kommen.

Wattles schlägt uns hierfür einen Prozess in drei Schritten vor: „Als Erstes ist der Glaube wichtig, dass es eine intelligente Substanz gibt, die alle Dinge hervorbringt. Zweitens musst du daran glauben, dass diese Substanz dir alles gibt, was du dir wünschst, und drittens verbindest du dich mit ihr durch ein Gefühl von tief empfundener Dankbarkeit."

In dieser Übung geht es um unsere Gefühle, aber sie ist auch zutiefst spirituell. Wir stellen eine Verbindung her zu der Quelle von allem Guten, das zu uns kommt, und zwar auf eine ehrfürchtige Art und Weise, die wir in jeder Zelle unseres Wesens spüren. Und unsere Schwingung steigt.

Wattles erläutert weiter:

Viele Menschen, die ihr Leben in allen anderen Bereichen sehr gut geordnet haben, bringen es deswegen zu nichts, weil sie keine Dankbarkeit empfinden. Wenn sie ein Geschenk von Gott erhalten haben, unterbrechen sie die Verbindung zu ihm, indem sie ihm die Anerkennung verweigern.

Es ist leicht zu verstehen, dass wir umso reicher werden, je näher wir an der Quelle des Reichtums leben. Es ist ebenso leicht zu verstehen, dass eine dauerhaft dankbare Seele in größerer Nähe zu Gott lebt, als eine Seele, die niemals in dankbarer Anerkennung zu ihm aufblickt.

Wenn Gutes zu uns kommt, so werden wir umso mehr Gutes erhalten, je dankbarer wir unseren Geist auf die höchste Macht ausrichten – und umso schneller wird das Gute zu uns strömen. Der Grund hierfür ist einfach, dass eine mentale Einstellung der Dankbarkeit unseren Geist näher an die Quelle heranbringt, aus der alles Gute strömt.

Wenn es für dich ein neuer Gedanke ist, dass durch Dankbarkeit dein ganzes Wesen in größere Harmonie mit den schöpferischen Energien des Universums kommt, so denke gut darüber nach, und du wirst erkennen, dass es wahr ist. Das Gute, das du bereits besitzt, kam zu dir aufgrund ganz bestimmter Gesetzmäßigkeiten. Die Dankbarkeit leitet deinen Geist entlang der Wege der Wunscherfüllung. Sie wird auch dafür sorgen, dass du in enger Harmonie mit dem schöpferischen Denken verbleibst, und sie wird dich daran hindern, in das Konkurrenzdenken zurückzufallen.

Durch die Dankbarkeit fokussierst du dich auf das Gute – nicht nur für dich selbst, sondern für jeden Menschen, mit dem du Kontakt hast. Auf der schöpferischen Ebene solltest du in jedem Menschen ein Gefühl des Wachstums hervorrufen. Dein Geist will wachsen und sich ausweiten. Dein spirituelles Wesen verlangt nach Erweiterung und vollständigerem Ausdruck, so wie es bei jedem Menschen der Fall ist. Wenn du diese großartige Wahrheit begriffen hast, ändert sich alles in deinem Leben und eine Fülle des Guten überströmt dich.

Wir müssen uns mit der formlosen Intelligenz verbinden. Dadurch kommen wir in Harmonie mit dem gewünschten Guten und erhöhen unsere Schwingung, um die Dankbarkeit wirklich zu spüren. Das Gefühl ist der Schlüssel.

Ich möchte dir eine Dankbarkeitsübung vorschlagen, aber vorher will ich dir ein paar Gedanken als Grundlage geben. Stelle dir diese Fragen:

- Würdest du dich mögen, wenn du dir begegnest?
- Hinterlässt du in den Menschen ein Gefühl des Wachstums?
- Hast du eine kreative Einstellung?
- Lässt du andere an deiner inneren Schönheit

teilhaben oder konzentrierst du dich auf Negatives?

Es ist okay, wenn dir eine oder mehrere Antworten nicht gefallen. Du brauchst dich deswegen nicht schlecht zu fühlen. Du brauchst nur zu verstehen, dass du dich ändern kannst: Du kannst dir vornehmen, in jedem Menschen ein Gefühl des Wachstums zu hinterlassen. Carl Gustav Jung sagte: „Ich bin nicht das, was mir passiert ist, sondern was ich beschließe zu werden“

Der Dankbarkeitsprozess in drei Schritten von Wallace Wattles:

1. Glaube daran, dass eine intelligente Substanz existiert.
2. Glaube daran, dass diese Substanz dir alles gibt, was du dir wünschst.
3. Verbinde dich mit ihr durch ein tiefes Gefühl der Dankbarkeit.

Lass dich nicht von der Vergangenheit vereinnahmen. Denke nicht rückwärtsgewandt. Denke stets zukunftsorientiert. Indem du deinen Bewusstseinslevel steigerst, kreierst du dich völlig neu.

Dich hält nicht das zurück, was du bist, sondern das, was du glaubst, nicht zu sein. Du bist ein wunderbares Wesen. Was du glaubst, nicht zu sein, ist nur dein Paradigma, das dich nicht die Wahrheit sehen lassen will. Lass es gehen. Lass die alte Programmierung los. Respektiere dich selbst so sehr, um dich von allem zu trennen, das dir nicht länger von Nutzen ist, das dich nicht wachsen lässt oder das dich nicht glücklich macht.

Denke bitte in Ruhe darüber nach. Was passiert gerade in deinem Leben – im Hinblick auf Beziehungen, Gewohnheiten, Arbeit? Wenn irgendetwas davon dir nicht länger dienlich ist, solltest du genug Selbstrespekt aufbringen, um dich davon freizumachen. Das bist du dir selbst schuldig.

Schäle die Masken der Illusion ab, löse die Ketten der Erwartung, lasse die tief verwurzelten Muster los und gib die Geschichten aus der Vergangenheit auf. Lasse die Angst gehen. Es ist nie zu spät, der Mensch zu sein, der du wirklich bist. Manche Paradigmen sind nichts weiter als einschränkende Glaubenssätze, die du übernommen hast; sie sind massive Illusionen, die du ablegen darfst.

Und was ist mit den Ketten der Erwartung? Wie oft tun wir etwas, weil wir meinen, dass es irgendjemand von uns erwartet? Löse diese Ketten der Erwartung, lasse die alten Muster gehen und ersetze sie durch neue Verhaltensweisen. Und lasse vor allem die Angst los. Es ist nie zu spät, der Mensch zu sein, der du wirklich bist.

Verinnerliche die Idee, dass hier und jetzt eine wunderbare Welt in dir existiert. Die Enthüllung dieser Welt ermöglicht es dir, im Rahmen der von der Natur gesetzten Grenzen alles zu tun und zu erreichen, was du dir nur wünschst. Jetzt, in diesem Moment, fließt eine wunderbare Energie zu dir und durch dich hindurch und versetzt dich in die Lage, alles zu tun, wonach du verlangst. Lasse also alle einschränkenden Gedanken los, trenne dich von deinem dich einschränkenden Paradigma und bringe mehr von dieser wunderbaren Energie in dein Leben, um es auf großartige Weise zu gestalten.

Alles ist hier und jetzt für dich verfügbar. Wir müssen nur ständig und bewusst die Verbindung aufrechterhalten. Wenn wir dies tun, sind wir uns der Quelle und des Ursprungs aller Kräfte bewusst, und wir erhalten die vielen Belohnungen, von denen wir umgeben sind. Genau darum geht es bei der Dankbarkeit. Sie sorgt dafür, dass wir bewusst in Verbindung bleiben. Wattles hat es wunderschön so formuliert: „Der gesamte Vorgang der mentalen Anpassung und Einstimmung lässt sich in einem Wort zusammenfassen: Dankbarkeit“.

„Der gesamte Vorgang der mentalen Anpassung und Einstimmung lässt sich in einem Wort zusammenfassen: Dankbarkeit"
– Wallace Wattles

Immer wenn du dich über etwas ärgerst, wenn du ein Problem hast oder irgendetwas nicht so läuft, wie du es gern hättest, musst du verstehen, dass sich dies alles in deinem Geist abspielt. Du musst eine mentale Anpassung vornehmen. Wenn du dir die Zeit nimmst, ein echtes Dankbarkeitsgefühl in dir zu erzeugen, wird dein Problem verschwinden. Das ist die wahre Macht hinter dieser Übung.

Die Dankbarkeitsübung besteht aus drei Schritten:

1. Denke an zehn Dinge, für die du dankbar bist, und schreibe sie auf. Hier benötigst du eine große Disziplin, um deinen Gefühlszustand zu verändern. Rufe für alles, was du dir notierst, ein starkes Gefühl der Dankbarkeit hervor. Spüre es in jeder Zelle deines Körpers. Beginne mit

etwas Leichtem, damit du dich auf dieses Gefühl einstimmen kannst. Du verbindest dich mit deiner spirituellen Essenz, du spürst eine extreme Dankbarkeit und bist im Einklang mit dem Guten.

Deine Liste kann sich auf Dinge beziehen, die bereits in deiner physischen Welt existieren, oder auch auf Dinge, die sich noch nicht in deiner Welt manifestiert haben.

„Jetzt besitzen wir das Gewünschte bereits auf zwei Ebenen. Solange wir es nicht loslassen, muss es sich daher gemäß dem Gesetz in unserer physischen Welt manifestieren. Wir können also dankbar sein, bevor es tatsächlich hier ist, weil wir wissen, dass es gemäß dem Gesetz bereits zu uns unterwegs ist."

- Sandy Gallagher

In dieser Übung steckt so viel Kraft, weil wir ja wissen, dass es drei Persönlichkeitsebenen gibt. Wir sind spirituelle Wesen, wir leben in einem physischen Körper und wir haben einen Intellekt, der uns mit unserer höheren Seite verbindet. Mithilfe der Dankbarkeitsübung verstehen wir, dass das gewünschte

Gute auf der spirituellen Ebene bereits uns gehört. Es gehört uns auf der Ebene des Intellekts, weil wir uns für dieses Ziel entschieden haben und es mit unserer Vorstellungskraft eng an uns binden. Jetzt besitzen wir das Gewünschte bereits auf zwei Ebenen. Solange wir es nicht loslassen, muss es sich daher gemäß dem Gesetz in unserer physischen Welt manifestieren. Wir können also dankbar sein, bevor es tatsächlich hier ist, weil wir wissen, dass es gemäß dem Gesetz bereits zu uns unterwegs ist.

Ich nutze dieses großartige Tool, um alles in meinem Leben zu manifestieren, was ich will. Nochmals, der Schlüssel liegt in der Anhebung deiner Schwingung. Du musst sie spüren.

2. Gehe fünf Minuten in die Stille und bitte um Führung für den Tag, indem du sagst: „*Ich bin offen für die Führung. Ich stimme mich ein und höre zu. Ich wünsche mir Führung. Ich werde der Führung folgen.*" Damit bleibst du den ganzen Tag in Verbindung und erhältst Führung von deinem höheren Selbst.

   Vielleicht fragst du dich, ob die Führung echt ist. Du weißt es, wenn sie echt ist. Das ist wie beim Angeln. Wenn du schon mal geangelt hast, dann weißt du, wie es sich anfühlt, einen

Fisch am Haken zu haben. Dasselbe gilt für das Erhalten der Führung.

3. Sende Liebe an drei Menschen, die dich ärgern. Sollte dir niemand einfallen, der dich ärgert, so ist das großartig. Du brauchst jetzt nicht extra jemanden gegen dich aufzubringen. Aber denke noch mal über meine Frage von vorhin nach: Würdest du dich mögen, wenn du dir begegnest? Und wenn deine Antwort im Moment „nein" lautet, solltest du dir selbst Liebe senden.

Es geht darum, für alle anderen das zu wollen, was du für dich selbst willst, weil du verstehst, wer du bist, wie du mit allen anderen verbunden bist und wie alles in geordneter Weise und gemäß dem Gesetz funktioniert. Du musst das Gute in die Welt bringen und Liebe ausstrahlen. Dabei geht es überhaupt nicht um die anderen. Es geht nur um dich und um deine momentane Schwingung. Wenn du auf jemanden böse bist, wenn du an der Idee festhältst, dass er dich falsch behandelt hat und sie nicht loslassen willst, dann blockierst du selbst das gewünschte Gute, weil deine Schwingung nicht damit im Einklang ist.

Du musst lernen, Liebe zu senden, zu vergeben und loszulassen. Der Schlüssel liegt darin, das Gefühl der Liebe zu empfinden und alles loszulassen, was dir nicht dienlich ist. Das Wichtigste ist die mentale Anpassung und Einstimmung.

Dies ist eine sehr kraftvolle Übung. Es lohnt sich, wenn du dir fest vornimmst, sie jeden Tag durchzuführen. Alles wird sich für dich verbessern, wenn du sie immer und immer wieder machst und dich in das Gefühl hineinsteigerst.

Vom Proctor Gallagher Institute empfohlene Dankbarkeitsübung in drei Schritten:

1. Denke an zehn Dinge, für die du dankbar bist, und schreibe sie auf.
2. Gehe fünf Minuten in die Stille und bitte um Führung für den Tag,
3. Sende Liebe an drei Menschen, die dich ärgern, und/oder an dich selbst.

Kapitel 8

Vom weiteren Gebrauch der Willenskraft

In Kapitel 10 seines Buches schreibt Wattles: „Du kannst keine wahre und klare Vision des Reichtums aufrechterhalten, wenn du deine Aufmerksamkeit andauernd auf Bilder richtest, die deinem Ziel widersprechen, seien diese real oder imaginär".

Dies ist ein sehr wichtiger Punkt. Lass uns schauen, womit wie es hier zu tun haben. Dein Körper besitzt fünf elektrische Schnittstellen – die fünf Sinne – und diese nehmen Informationen aus der Außenwelt auf. Allerdings bewegen sich 97 Prozent der Menschen in die verkehrte Richtung und aus diesem Grund sind 90 Prozent aller Informationen, die unsere Sinne erreichen, alles andere als positiv. Dazu kommt noch, dass ein großer Anteil von dem, was aus deinem Inneren aufsteigt, auch nicht gerade positiv ist. Wenn du also nicht ganz bewusst und mit voller Absicht ein System einrichtest, das dafür sorgt, dass du dich nur noch mit positiven Ideen beschäftigst, ist es um dich geschehen.

Wie das geht? Durch den Gebrauch der Willenskraft.

Wattles fährt fort:

> Sprich nicht mit anderen über deine früheren finanziellen Schwierigkeiten, falls es sie gab. Denke überhaupt nicht mehr daran. Erzähle niemandem von der Armut deiner Eltern oder erlittenen Entbehrungen. Sobald du dies tust, zählst du dich nämlich geistig zu den Armen, und dies wird mit Sicherheit den Fluss des Guten zu dir hin stocken lassen.
>
> „Lasse die Toten ihre Toten begraben“, wie Jesus sagte.
>
> Lasse die Armut und alles, was damit zu tun hat, vollständig hinter dir.

Nur durch den Einsatz deiner Willenskraft kannst du dich dazu bringen, das Richtige zu denken und zu tun. Und falls du deinen Willen nicht auf diese Weise einsetzt, wirst du vom Kurs abkommen. Deine fünf Sinne werden ständig von der Außenwelt bombardiert, durch die Medien oder durch das, was die Leute reden. Du kannst dem nicht entkommen.

Wie wir nun wissen, ist das Universum voller Energie – alles ist Energie. Du wirst mit deinem physischen Instrument die Energie anziehen, die seiner Schwingung entspricht. In deinem Schädel sitzt eine elektronische Schaltstation, die man Gehirn nennt. Sobald einer der fünf Sinne angesprochen wird, läuft eine Nachricht schreiend eine Nervenbahn entlang und aktiviert eine Gruppe von Zellen in deinem Gehirn, die daraufhin ihre Schwingung erhöhen. (Sie sind ständig in Bewegung, da das Gesetz der Schwingung ja besagt, dass alles schwingt.) Das Ergebnis davon ist, dass du diese Schwingung annimmst.

In deinem Schädel sitzt eine elektronische Schaltstation, die man Gehirn nennt.

Dabei muss ich an meine Großmutter denken. Sie war eine liebe kleine Seele und saß die ganze Zeit in einem großen Schaukelstuhl. Wenn im Radio schlechte Nachrichten kamen, musste sie weinen. Sie steigerte sich richtiggehend hinein. Ich fragte mich immer, warum die Nachrichten meine Oma so aufregten und warum sie sich so sehr darauf konzentrierte. Meine Oma war von den schlechten Nachrichten regelrecht angezogen;

ihr Paradigma wollte, dass sie sich diesen ganzen Kram anhörte. Nun, sie war eine liebe kleine Dame und all die armen Menschen taten ihr leid, aber mit ihrem Weinen half sie keinem davon.

Ich erinnere mich an Doug Wead. Er war ein besonderer Berater des US-Präsidenten und verfasste das Vorwort zu meinem Buch *Erkenne den Reichtum in dir*. Doug Wead war ein sehr freundlicher und kluger Mann. Als er das Priesterseminar besuchte, gab es in Vietnam gerade viele Probleme und Menschen verhungerten dort. Gemeinsam mit drei Freunden trat Doug in den Hungerstreik. Sie gingen mittags in den Speisesaal, holten sich Tabletts und setzten sich mit den leeren Tabletts an einen Tisch. Auf diese Weise wollte er Aufmerksamkeit auf die hungernden Menschen lenken. Er erzählte mir, dass ihm eines Tages, als er da saß, etwas klar wurde: Leere Tabletts machen keinen Hungernden satt. Damit half er niemandem.

Das Beste, was du tun kannst, besteht darin, dir selbst zu helfen, statt in Mitleid zu versinken und dich an solchen Aktionen zu beteiligen. Sei selbst das bestmögliche Vorbild für andere. Wenn du dann mehr hast, als du brauchst, kannst du etwas abgeben.

Sobald du weißt, was du zu denken und zu tun hast,

musst du deinen Willen einsetzen, um dann auch das Richtige zu denken und zu tun. Das ist der legitime Gebrauch des Willens, um zu bekommen, was du willst: Du nutzt ihn, um auf dem richtigen Weg zu bleiben. Nutze deine Willenskraft, um auf die bestimmte Weise zu denken und zu handeln, wie es Wattles ausdrückt. Was ist diese „bestimmte Art und Weise"? Entsprechend der Gesetze.

Dies ist so grundlegend und wird doch so oft missverstanden. Du hast einen wunderbaren Gedanken und du hast deinen Willen. Die Sinneseindrücke fliegen von beiden Seiten auf dich zu, also bekommst du es auch mit den negativen zu tun. Du musst mit deinem Willen an deiner wunderbaren Idee festhalten.

Weißt du noch, was wir sagten, als es um Wissen und Unwissenheit ging? Wir sagten, dass Unwissenheit zu Sorge und Zweifel führt, was Ängste hervorruft, die dann in Beklemmungsgefühlen enden. Unterdrücken wir diese Beklemmungsgefühle, führt dies zu Krankheit und schließlich zu Zerstörung.

Davor sollten wir uns hüten. Auf der anderen Seite steht das Wissen. Wie kommen wir daran? Indem wir studieren. Was ist das exakte Gegenteil von Sorge und Zweifel? Das Verstehen.

Wie wir gesehen haben, ist das Gesetz der Polarität ständig am Werk. Dieses Gesetz besagt, dass alles sowohl gut als auch schlecht ist. In Wirklichkeit ist es weder das Eine noch das Andere, es ist einfach. Es gibt Gutes und Schlechtes, es gibt beides, und in der Mitte zwischen beidem ist alles einfach nur. Nun, wenn wir das im Gedächtnis behalten, wird es uns leichtfallen, mithilfe unseres Willens in der richtigen Spur zu bleiben.

Wattles schreibt: „Gedanken sind der Antrieb, der die schöpferische Kraft aktiv werden lässt“. Diese schöpferische Kraft ist in dir. Alle großen Vordenker aus der gesamten Geschichte waren sich in diesem einen Punkt völlig einig: Wir werden zu dem, woran wir denken.

Du ziehst alles an, woran du denkst. Alles schwingt auf einer bestimmten Frequenz. Wir nennen eine bestimmte Substanz *Papier* wegen der Schwingung, in der sie sich befindet. Zuvor bezeichnete man sie als *Holz* und noch davor als *Erde.* Ein Samen zog die Erde an, er zog Energie an und wuchs zu einem großen Baum. Der Baum wurde gefällt und zu Papier verarbeitet. Es ist immer noch dieselbe Energie wie zu der Zeit, als es noch Erde war. Sie schwingt einfach nur mit einer anderen Frequenz.

Wattles führt weiter aus: „Auf die bestimmte Art und Weise zu denken wird dir Reichtümer bringen, aber du darfst dich nicht nur auf das Denken allein verlassen, ohne auf dein persönliches Handeln zu achten. An diesem Felsen erleiden viele ansonsten wissenschaftlich vorgehende metaphysische Denker Schiffbruch – am Unvermögen, ihr Denken mit persönlicher Aktivität zu verbinden." Wenn du meinst, dass du dich nur noch hinzulegen brauchst, und schon kommt das Ersehnte auf dich zu, wird schon bald jemand in einem weißen Mantel erscheinen und dich mitnehmen. Du kannst und du musst auf deine Ideen Taten folgen lassen. Mach dich auf und sorge dafür, dass etwas geschieht. Und wenn dein Tun zu keinen Resultaten führt, solltest du dir deine Gedanken mal näher ansehen.

Hier auf der Erde existieren viele verschiedene Schwingungen: Pflanzen, Steine, Metall. All dies ist Energie, aber in unterschiedlichen Schwingungszuständen. Es ist so, wie Earl Nightingale sagte: Wenn ich süßen Mais anpflanze und direkt daneben die tödlich giftige Tollkirsche, so wird die eine Pflanze in ebenso großer Fülle gedeihen wie die andere. Der Mais zieht nur eine andere Erdenergie an als die Tollkirsche.

Oder denke an eine Eichel. Bestimmte

Energieteilchen harmonieren mit der Eichel und daher bewegen sich diese Teilchen aus allen Richtungen zur Eichel hin. Es entsteht eine Anziehungskraft und wie ein gehorsamer Soldat marschiert Energie auf die Eichel zu. In der Eichel befindet sich ein Bauplan, der über ihre Schwingung bestimmt. Und so zieht sie die Energie an, die ihr entspricht, und diese Energie vereint sich mit der Eichel. Sie wird größer und bricht durch den Waldboden, um alles von der Erde und der Atmosphäre anzuziehen, was nötig ist, damit eine große Eiche entstehen kann. Die Energie, die die Eiche entstehen lässt, war schon immer vorhanden. Sie wurde vom Samen angezogen. Die Eichel steckt in der Erde, die Energie für die Eiche befindet sich im Universum, und das Gesetz der Anziehung bringt beide zusammen.

Um es mit Earl Nightingale zu sagen:
„Wenn ich süßen Mais anpflanze und direkt
daneben die tödlich giftige Tollkirsche,
so wird die eine Pflanze in ebenso großer Fülle
gedeihen wie die andere."
Achte darauf, nur das in den Garten
deines Geistes einzupflanzen,
was du auch haben willst!

In dir wirken exakt dieselben Mechanismen. Du hast einen Bauplan in dir für das Ziel, das du dir gesteckt hast. Ohne Ziel beschäftigst du dich nur mit einem Haufen unzusammenhängender Ideen, die dich dazu bringen, völlig planlos zu handeln. Wenn du aber ein klares Vorstellungsbild hast, beginnst du zu wachsen, und dieses Bild manifestiert sich in Wohlstand, Zufriedenheit, Glück, Wachstum und Sieg. In einem verwirrten Zustand irrst du nur ziellos umher. Dies ist so grundlegend und wird doch so oft missverstanden.

Was müssen wir also tun? Wir müssen sicherstellen, dass unsere Gedanken im Einklang mit dem Gesetz sind. Stell dir dein Leben als eine große Sanduhr vor. Der Sand in der oberen Hälfte steht für deine Zukunft und der Sand in der unteren für deine Vergangenheit. Sie ist vorbei, sie ist erledigt und verschwunden. Du kannst nichts an ihr ändern. Du weißt nicht, wie viel Sand dir in der oberen Hälfte noch bleibt. Du kennst nur das Hier und Jetzt. Mach dir also keine Sorgen über das, was du mal getan hast oder was du in der Zukunft tun wirst. Was tust du hier und jetzt?

Sorge dafür, dass deine Gedanken nicht dauernd abschweifen. Aus der Verwirrung erwächst Ordnung und Ordnung ist das erste himmlische Gesetz. Alles fügt sich für dich auf wunderbare Weise, sobald du Ordnung in deinen Geist gebracht hast. Und wann solltest du beginnen? Beginne genau jetzt.

Kapitel 9

Handeln auf die bestimmte Art und Weise

Viele der heutigen einflussreichsten Erfolgsideen lassen sich auf Napoleon Hill zurückverfolgen. Im Alter von knapp über zwanzig war er Reporter für ein Magazin, das einen Artikel über vermögende Menschen herausbringen wollte. Hill erhielt den großartigen Auftrag, den zu der damaligen Zeit reichsten Menschen der Welt zu interviewen: Andrew Carnegie. Das war 1908. Hill saß drei Stunden mit Carnegie zusammen.

Er wusste nicht, dass Carnegie auf der Suche nach jemandem für eine bestimmte Aufgabe war. Carnegie hielt es für ein absolutes Verbrechen, dass Leute wie er selbst, Henry Ford, Thomas Edison, Harvey Firestone und andere mit all dem Wissen, das sie in sich trugen, ins Grab sanken. Alle hatten sie mit nichts angefangen. Carnegie war als kleiner Junge aus Schottland an die Ostküste der Vereinigten Staaten gekommen. Er hatte mit nichts begonnen und wurde zum reichsten Menschen der Welt.

Während des Gesprächs dachte sich Carnegie: „Das könnte der Mann sein, nach dem ich suche“. Er hielt Ausschau nach jemandem, der sein gesamtes Wissen ordnen und die Gesetze des Erfolgs niederschreiben sollte, damit ein jeder von seinem Wissen profitieren konnte.

Am Ende des dreistündigen Gesprächs sagte Carnegie zu Hill: „Dieses Interview endet nicht, es fängt gerade erst an“. Und er bat Hill, ihn zu sich nach Hause zu begleiten. Hill war froh, dass Carnegie ihn darum bat, weil er nicht mal genug Geld für ein Hotelzimmer hatte.

Was ging da wohl in ihm vor? Dieser junge Mann hat nicht mal Geld für ein Hotel und jetzt begleitet er den reichsten Menschen der Welt nach Hause. Das allein wäre schon ein sagenhaftes Abenteuer gewesen, doch Hill blieb dann ganze drei Tage lang bei Carnegie. Carnegie stellte Hill viele Fragen und Hill stellte viele Fragen an Carnegie.

Am Ende des dritten Tages dachte sich Carnegie: „Ich glaub', ich hab' den Richtigen gefunden". Also sagte er: „Napoleon, jetzt haben Sie alle Informationen. Sie wissen jetzt genau, wie ich es geschafft habe. Drei Tage lang habe ich vor Ihnen meine gesamte Philosophie ausgebreitet. Ich möchte Sie etwas fragen: Würden Sie den Rest Ihres Lebens einer Idee widmen, für die Sie wahrscheinlich mindestens zwanzig Jahre lang keine materielle Kompensation erhalten?"

Was Hill nicht wusste, war, dass Carnegie unter seinem Schreibtisch eine Stoppuhr in der Hand hielt und ihm genau sechzig Sekunden gab, um zu antworten. 29 Sekunden später antwortete Hill: „Ja, das würde ich" (Ich habe mich schon oft gefragt, ob ich auch ja gesagt hätte. Ich denke schon. Wenn ich drei Tage mit diesem Menschen verbracht hätte, dann hätte ich ziemlich genau seine Fairness beurteilen können, und ich denke nicht, dass er von mir etwas verlangt hätte, das nicht fair war).

Carnegie fuhr fort: „Ich möchte, dass Sie die Gesetzmäßigkeiten des Erfolgs auf geordnete Weise niederschreiben. Sie erhalten von mir Empfehlungsschreiben für einige der erfolgreichsten Menschen auf der Welt. Damit werden Sie problemlos zu ihnen vorgelassen.

Ich möchte, dass Sie sich mit ihnen unterhalten und sie befragen.“

Carnegie fuhr fort: „Napoleon, schon lange vor Beendigung dieser Aufgabe wird Sie alles in Ihnen zum Aufgeben drängen. Und übrigens, ich werde Sie nicht bezahlen. Sie müssen schon irgendwie allein zurechtkommen. Aber ich will Ihnen etwas geben, das Ihnen helfen wird, wenn Sie ans Aufgeben denken. Sagen Sie zu sich selbst: ‚Andrew Carnegie, ich werde nicht nur im Leben mit Ihnen gleichziehen, ich werde Sie zuerst einholen und dann hinter mir lassen.‘“

Hill ist pleite, er blickt den reichsten Mann der Welt an und geht diese Selbstverpflichtung ein: „Andrew Carnegie, ich werde nicht nur im Leben mit Ihnen gleichziehen, ich werde Sie zuerst einholen und dann hinter mir lassen“.

An dieser Stelle warf Hill den Stift auf den Boden und rief: „Sie wissen verdammt gut, dass ich das nicht kann“.

Da machte Carnegie ihm klar, dass eine ins Unterbewusstsein eingepflanzte Idee sich verwirklichen muss. Während der drei Tage hatte Carnegie ihm alles über das Unterbewusstsein erklärt und ihm erläutert, dass es alles als real akzeptiert und sich dann an die

Verwirklichung macht.

Carnegie sagte: „Ich möchte, dass Sie sich verpflichten, in den Spiegel zu blicken und sich dies jeden Morgen und jeden Abend laut vorzusagen, und zwar 30 Tage lang“. „Das könnte ich“, meinte Hill.

Als er diese Worte zum ersten Mal aussprach, hielt er sich noch für verrückt und dachte: „Das ist doch blöd, das kann doch gar nicht geschehen“. Aber er hatte sich verpflichtet und so beschloss er, dabeizubleiben. Nach ungefähr zwei Wochen dachte er, dass es vielleicht gehen könnte. Am Ende des Monats wusste er, dass es geschehen würde.

Was ich hier tue, ist, das von Hill zusammengetragene Wissen weiterzugeben. Ich studiere es schon seit sehr langer Zeit. Durch meine Studien bin ich zu der Schlussfolgerung gelangt, dass Carnegie an die 50 Millionäre hervorbrachte. Napoleon Hill hat wahrscheinlich Millionen von Menschen zu Millionären gemacht.

Hill wurde eine Vision gegeben und dadurch entstanden Freundschaften mit sehr mächtigen Leuten. Zu seiner Mastermind-Gruppe gehörten Thomas Edison, Henry Ford und Harvey Firestone. Frage dich doch mal, wer deine Mastermind-Partner sind. Mit wem verbringst du viel Zeit? Von wem lässt du dich beeinflussen? Ich selbst verbringe nur wenig Zeit mit Leuten, die nichts zustande bringen, weil ihre Gedanken sonst in mein Unterbewusstsein eindringen.

Earl Nightingale, ein Rundfunksprecher aus Chicago, ging eine Geschäftspartnerschaft mit Lloyd Conant ein. Die beiden taten sich zusammen, um eine Tonaufnahme mit dem Namen Das seltsamste Geheimnis zu vertreiben. Sie verkauften davon weltweit über eine Million Exemplare. Als ich für die beiden arbeitete, erhielten sie die erste Goldene Schallplatte für eine Sprachaufnahme.

1963 lernte ich *Success Unlimited* kennen, eine von W. Clement Stone herausgegebene Zeitschrift (ihr Nachfolger ist das heutige *Success Magazine*). *Success Unlimited* war eine kleine Hauszeitschrift für sein Versicherungsunternehmen. Dort las ich in einer Anzeige, dass Nightingale-Conant nach Vertriebspartnern suchte. „Das mach‘ ich“, dachte ich mir. Und 1968 war ich dort stellvertretender Vertriebsleiter.

Frage dich: Wer sind meine Mastermind-Partner? Mit wem verbringe ich viel Zeit? Von wem lasse ich mich beeinflussen?

Wie kam das zustande? Es kam zustande, weil bei mir ständig diese Schallplatte lief und weil ich auf meinen Mentor hörte.

Mit deinem Bewusstsein nimmst du eine Idee auf. Du hältst an ihr fest und pflanzt sie in dein Unterbewusstsein ein. Die Idee wächst, wird zu einem Verlangen und verändert schließlich deine Schwingung und somit deine Resultate. Das ist schon die ganze Philosophie, die Napoleon Hill uns gab.

Die meisten Menschen sind nur Nebendarsteller in ihrem eigenen Film. Frage dich, was du wirklich willst.

Stelle dir die Schwingungsebenen als Frequenzen vor. Du denkst auf bestimmten Frequenzen und deine Gedanken führen zu deinen Resultaten. Aber du bist mit deinen Ergebnissen nicht zufrieden, du willst immer mehr, und so nimmst du dir ein neues Ziel vor. Aber dann sagst du: „Ich tu‘ es, sobald sich dies oder das ändert. Ich mach‘s, sobald ich das Geld dafür hab‘. Ich verwirkliche es, sobald die Kinder fertig mit der Schule sind. Ich tu‘s, sobald dieses und sobald jenes.“ Und schon bald ist deine Entscheidung Geschichte. Kurze Zeit später ist von deinem Ziel nichts mehr übrig.

Warum? Weil deine Gedanken wieder auf eine niedrigere Frequenz abgesunken sind, während dein

Ziel auf einer sehr viel höheren schwingt. Dein Geist und dein Denken müssen sich auf derselben Ebene wie dein Ziel befinden. Wenn dies nicht der Fall ist, wird sich dein Ziel nie verwirklichen. Du musst dich voller Entschlossenheit für ein Ziel entscheiden. Wenn es um die Wissenschaft des Reichwerdens geht, darfst du dich nicht mit gewöhnlichen Entscheidungen abgeben. Du brauchst einen unumstößlichen Entschluss: „Das werde ich tun".

Um auf eine höhere Frequenz zu gelangen, brauchst du einen unumstößlichen Entschluss. Denke und verhalte dich dann wie die Person, zu der du werden willst.

Nun will ich dir aufzeigen, was nach einer unumstößlichen Entscheidung geschieht. Dein Denken und Tun muss der Person entsprechen, zu der du werden willst. Du stellst fest, dass du nicht länger auf der niedrigen Frequenz schwingst. Jetzt bist du auf der höheren. Sobald du diese Frequenz erreichst und dein Denken ihr entspricht, muss sich dein Ziel manifestieren.

Das Wollen ist die einzige Vorbedingung, um eine Entscheidung treffen zu können: Willst du es? Genau das verstand Hill allmählich, nachdem ihm Carnegie all dies drei Tage lang erklärt hatte. Du musst es nur wollen. Mehr wird von dir nicht verlangt.

Aber die meisten Leute haben nie gelernt, eine echte Entscheidung zu fällen. Irgendwann werden sie schon das tun, was sie sich vorgenommen haben, und trödeln bloß herum. Die Erfolgreichen entscheiden sich sehr schnell. Als Carnegie Napoleon Hill aufforderte, sich zu entscheiden, brauchte Hill lediglich 29 Sekunden.

Hill brachte aber auch noch etwas anderes ins Spiel: Disziplin.

Wenn du dein Ziel erreichen willst, brauchst du Selbstdisziplin. Ganz gleich, was auch geschieht, du musst dich diszipliniert gemäß den Gesetzen verhalten. Das habe ich mir in mein Bewusstsein eingebrannt. Und das solltest du auch tun. Gib dir selbst einen Befehl und führe ihn dann aus.

Du brauchst unbedingt ein Ziel. Schreibe es auf eine Karte, die du ständig bei dir trägst. Ich tue das seit dem 21. Oktober 1961. Ich schrieb auf die Karte, dass ich am Neujahrstag des Jahres 1970 im Besitz von 25.000 Dollar sein würde. Dafür gab ich mir fast zehn Jahre Zeit. Ich glaubte wirklich nicht, dass ich es schaffen könnte, aber ich hatte gelernt, dass man letztendlich sogar an eine

Lüge glaubt, wenn man sie auf eine Karte schreibt und nur oft genug liest. Der große Psychologe William James sagte im Jahr 1900: „Glaube, und dein Glaube wird die Tatsache erschaffen". Wird es leicht gehen? Nein, das wird es nicht; es wird hart sein.

60 Jahre sind eine lange Zeit, aber ich niemals aufgehört, dieses Wissen zu studieren. Ich studiere es jeden Tag. Und dabei habe ich Folgendes gelernt: Du wirst nie etwas ändern, indem du die bestehende Realität bekämpfst. Um etwas zu verändern, musst du ein neues Modell erschaffen, welches das bestehende Modell überflüssig werden lässt. Genau das wird das Studieren dieser Lektionen für dich bewirken. Vertiefe dich in diese Inhalte und teile sie mit so vielen Menschen wie nur möglich. Es gibt keine Grenzen für das, was du erreichen kannst.

Kommen wir nun auf Ziele zu sprechen. Ziele vom Typ A sind solche, bei denen wir bereits wissen, wie wir sie erreichen können; Ziele vom Typ B sind solche, von denen wir meinen, sie verwirklichen zu können. Ziele vom Typ C wollen wir wirklich erreichen, ohne zu wissen, wie es geht. Du brauchst auch nicht zu wissen, wie es gehen soll. Wir brauchen uns nur auf eine höhere Ebene begeben, auf der alles möglich ist. Unser Ziel ist uns näher als unser Atem. Was hält uns zurück?

Paradigmen. Unsere Programmierung hält uns davon ab, das zu tun, wozu wir fähig sind.

Manchmal fragen mich Menschen, wie denn in unserer Seele Mangel herrschen kann, wo doch das Geistige perfekt ist. In Wahrheit gibt es in deiner Seele keinen Mangel. Der Mangel steckt im Paradigma, das unsere Seele daran hindert, sich auszudrücken. Weißt du, du hast keine Seele – du bist eine Seele. Deshalb liegt die Perfektion in dir. Diese Vollkommenheit will sich in dir und durch dich ausdrücken. Warum, meinst du, wollen wir Dinge haben? Der wahre, tiefer liegende Grund lautet, dass wir die in uns liegende Perfektion ausdrücken wollen. Keiner weiß, was wir alles erreichen können.

Bei einem Typ-A-Ziel wissen wir bereits, wie es geht. Vor einigen Jahren kam ein Mann auf mich zu mit den Worten: „Hallo Bob, kann ich mit Ihnen über mein Ziel sprechen?"

„Wie lautet Ihr Ziel denn?", wollte ich wissen.

„Ich will ein neues Auto."

„Schön. Das ist eine gute Idee", meinte ich. „Was für ein Auto wollen Sie?"

„Einen Pontiac."

„Ich hatte auch mal einen Pontiac“, gab ich zurück. „Das sind schöne Autos. Und was fahren Sie jetzt?“

„Einen Pontiac.“

„Wie lange haben Sie den schon?“

„Vier Jahre.“

„Wie alt ist er?“

„Vier Jahre.“

„Das heißt also, dass Sie sich vor vier Jahren einen neuen Pontiac gekauft haben.“

„Ja.“

„Sie wussten also schon vor vier Jahren, wie Sie an einen neuen Pontiac kommen, deshalb ist das kein gutes Ziel. Das soll nun nicht heißen, dass Sie sich keinen neuen Pontiac holen sollen, aber es ist kein gutes Ziel. Ein Ziel sollte etwas sein, von dem Sie nicht wissen, wie es geht.“

Bei den meisten ist es so: Wenn sie über das hinausgehen, von dem sie schon wissen, wie es geht, dann nehmen sie sich etwas vor, von dem sie meinen, es erreichen zu können. Ihre Zielsetzung sieht dann so aus: „Wenn ich das Geld zusammen habe, wenn diese Person ihre Schulden bei mir zurückzahlt, wenn diese Leute dieses oder jenes tun und wenn mal alles zusammenpasst, dann könnte ich dieses Ziel erreichen“.

Darin steckt keinerlei Inspiration. Du musst dahin, wo die Luft ein wenig dünner wird; du musst deine Fantasie spielen lassen. Aber man hat uns schon als kleine Kinder gelehrt, das sein zu lassen. Wenn wir uns dann ohne Unterstützung auf den Weg machen und es geht schief, fallen wir auf den Ausgangspunkt zurück. Und da bleiben dann die meisten. Sei mutig in dem, was du dir vornimmst. Verlasse dich auf dich selbst. Es gibt nichts Sichereres auf der Welt.

Schöpfung findet in drei Phasen statt: Fantasie, Theorie und Fakt. Wo solltest du beginnen? Du denkst an das, was du willst, lässt deiner Vorstellungskraft freien Lauf und kreierst ein wunderschönes geistiges Vorstellungsbild.

Durch bloßes Fantasieren wirst du deine Wünsche nicht erhalten. Jetzt kommt die nächste Phase ins Spiel. Du musst aus deiner Fantasievorstellung eine Theorie machen.

Mit deinem Verstand kannst du über deinen Wunsch nachdenken, aber bevor aus der Theorie ein Ziel werden kann, musst du noch einen Test bestehen. Du musst dich fragen: „Bin ich dazu fähig?" Natürlich bist du dazu fähig, da du über ein unendliches Potenzial verfügst.

Dann musst du dich fragen: „Will ich es? Will ich alles tun, was hierfür getan werden muss?" Du musst bereit sein, alles zu tun, was erforderlich ist, so wie Napoleon Hill.

Nachdem ich mich mit vielen Büchern und Audio-Programmen beschäftigt und auf meinen Mentor gehört hatte, beschloss ich, es zu tun.

Das war 1973 in Chicago, ich war noch bei der Nightingale-Conant Corporation und ich verließ sie aus einem einzigen Grund. Ich verkaufte Schallplatten und Kassetten, die Leute erwarben sie, aber sie setzten die Inhalte dann nicht um. Ich ging zu Lloyd Conant und schlug ihm vor: „Lloyd, wir sollten die Schallplatten und Kassetten verschenken. Lass uns Seminare verkaufen und den Teilnehmern die Tonträger schenken."

„Nein, nein", erwiderte er. „Das Seminargeschäft überlassen wir Dale Carnegie, wir bleiben im Tonträgergeschäft."

Da wusste ich, dass es für mich an der Zeit war zu gehen.

Ich war dort eingestiegen, um mich weiterzubilden. Das war mir gelungen. Ich saß bei mir zuhause, in einem kleinen Zimmer in einem Haus in Glenview, Illinois. Ich nahm einen Stift und schrieb: „Ich werde ein Unternehmen aufbauen, das auf der ganzen Welt operiert".

Ich sagte: „Ja, ich bin fähig. Ja, ich will es", und Bingo! Das war von nun an mein Ziel. Und ich habe mein Ziel verwirklicht. Heute veranstalten wir Events, die in jedes Land gestreamt werden, und wir haben Vertriebspartner in 92 Ländern.

Sobald du ein Ziel erreicht hast, bist du in einer Position, um noch bessere und größere Fantasien zu entwerfen. Das ist der schöpferische Prozess.

Du musst dich strecken, Baby. Du musst wirklich über dich hinauswachsen und dir ein C-Ziel vornehmen. Du brauchst nicht zu wissen, was du hierfür zu tun hast, aber du musst davon überzeugt sein, dass du es tun wirst. So einfach ist das

Die drei Arten von Zielen:

1. A-Ziele: Bei diesen Zielen weißt du bereits, wie du sie erreichst.
2. B-Ziele: Bei diesen Zielen denkst du, dass du sie erreichen kannst, allerdings ohne dir absolut sicher zu sein.
3. C-Ziele: Das sind Ziele, die du unbedingt erreichen willst, aber ohne zu wissen, wie es geht.

Hierauf legen die Erfolgreichen ihren Fokus. Sie wissen, dass sie herausfinden können, wie es geht – von dieser Herausforderung lassen sie sich nicht aufhalten.

Napoleon Hill sagte: „Es ist ein Unterschied, ob man sich etwas wünscht oder ob man auch bereit ist, es zu empfangen. Niemand ist für etwas bereit, solange man nicht daran glaubt, dass man es erhalten kann. Unsere Geisteshaltung muss das Glauben sein und kein Hoffen oder Wünschen." Die meisten hoffen und wünschen, dass alles von allein geschieht, aber so funktioniert das nicht. Das hat es noch nie. Du musst fest daran glauben. Und wenn du daran glaubst, setzt sich alles in Bewegung.

Napoleon Hill sagte auch: „Es ist nicht mehr Anstrengung erforderlich, im Leben hoch hinauszuwollen und Fülle und Wohlstand zu fordern, als nötig ist, um Elend und Armut zu akzeptieren."

Jetzt will ich dir zeigen, wie und warum dies alles funktioniert. Du bist eine Masse von Energie. Wenn wir ein Kirlian-Foto von dir aufnehmen, ist die von deinem Körper ausgehende Energie so kraftvoll, dass sie Kamera und Film durchdringt. Man kann also tatsächlich die Energie fotografieren, die deinem Körper entströmt. Du bist eine mächtige Seele.

Wie wir vorhin sagten, entspricht eine Frequenz

einer bestimmten Schwingungsebene,

und es gibt eine unendliche Anzahl von Frequenzen. Jede ist mit ihrer oberen und unteren Nachbarfrequenz verbunden. Es existiert keine Trennungslinie. Das bedeutet, dass wir über unsere fünf Sinne hinausdenken müssen. Wir müssen ins in die vierte Dimension begeben, eine höhere Gedankendimension jenseits unseres Körpers.

Einstein sagte, dass die Intuition ein göttliches Geschenk ist und der denkende Verstand ein treuer Diener. Wir haben eine Gesellschaft erschaffen, die den Diener verehrt und das Geschenk vergisst. Wir alle besitzen diese höheren Fähigkeiten: Wahrnehmung, Gedächtnis, Vorstellungskraft, Verstand, Intuition und Wille. Mit diesen Werkzeugen können wir uns mit dem Unsichtbaren verbinden.

Wenn du einen ehrlichen Blick auf dein Leben wirfst, erkennst du, wie du dahin gekommen bist, wo du heute stehst. Dein gesamter Besitz ist lediglich ein Ausdruck deiner Bewusstseinsebene. Denke an die Zeit nach der Schule und deine erste Arbeitsstelle zurück. Erinnere dich daran, wie du deinen Lebenspartner getroffen hast oder zum ersten Mal in einem Flugzeug gesessen bist und so weiter.

Und jetzt sieh dir dein jetziges Leben an. Ich kann dir etwas sagen: Du bist mit deiner jetzigen Lage nicht zufrieden. Du willst mehr. Wieso? Weil du ein spirituelles Wesen bist und dein Geist stets nach Ausweitung und einem vollständigeren Ausdruck strebt. Wir brauchen aber nicht zu wissen, wie wir das Gewünschte erreichen können.

Als kleines Kind riefen wir: „Mama, Papa, das will ich!"

Und sie antworteten: „Und wie soll das bitte gehen?"

Das wussten wir auch nicht, und so ließen wir den Wunsch los und er verblasste allmählich.

Wir schwingen auf einer Mittelwellenfrequenz und wollen aber Musik in FM-Qualität hören. Das kann nicht funktionieren. Wenn du deinen Bruder anrufst, hast du nicht auf einmal deine Mutter am Apparat. Du musst dich auf die Frequenz einschwingen, die dem Guten entspricht, das du haben willst. In dem Moment, wenn dein Glaube mit deinem Zustand übereinstimmt und wenn du daran glaubst, dass du dein Ziel erreichen kannst, findet die Verschmelzung statt. Jetzt bist du mit deinen Emotionen, deinem Intellekt und deinem Körper eingebunden, dein ganzes Wesen schwingt auf dieser Frequenz und du weißt tief in dir drin, dass du es schaffen wirst. Du weißt nicht wie, aber du weißt, dass du es kannst.

Dieser neue Bewusstseinszustand wird zu deinem neuen Zuhause. Du musst in ihm leben.

„Sobald du dich auf eine höhere Frequenz einschwingst, bist du in Verbindung mit einer Welt außerhalb der Reichweite deiner fünf Sinne, die dir zunächst völlig fremd vorkommt."
- Bob Proctor

Um auf eine beträchtlich höhere Gedankenfrequenz zu gelangen, musst du zuerst deine Zustimmung geben. Du musst dich dafür entscheiden. Dann musst du dich an die Ideen und Gefühle anpassen, die der neuen Frequenz entsprechen. Dabei kann dir niemand helfen.

Das wird dir nicht immer leichtfallen. Dein Paradigma wird sich immer richtig mit dir anlegen, sobald du dich nach oben bewegen willst. Das ist ein ständiger Kampf. Du musst die bewusste Kontrolle über dein Paradigma übernehmen und es ersetzen. Tust du es nicht, dann bleibst du da, wo du bist. Du kannst dir Unterstützung holen, aber letztendlich musst du es allein tun.

Als ich dich fragte, was du wirklich willst, kam dir vielleicht eine Idee in den Sinn, die du sofort zum Schweigen gebracht hast: „Ach, das geht nicht. Das können wir uns nicht leisten. Ich kenne nicht die richtigen Leute." Du wirst gegen eine Steinmauer anrennen, aber da sind keine Steine und da ist auch keine Mauer. Sie ist reine Einbildung.

Um dich felsenfest auf dein Ziel festzulegen, musst du vier Wachstumsstufen durchlaufen, die dich zu Verständnis und Freiheit führen.

In der ersten Stufe bist du *gefesselt*. Du lebst mit einer Konditionierung vom Typ X – mit dieser Programmierung lebst du schon seit sehr langer Zeit. Und so legst du ein Verhalten vom Typ X an den Tag, du entwickelst Aktivitäten vom Typ X, hast Gedanken vom Typ X und, voilà! Du erhältst Resultate vom Typ X.

Die meisten Menschen stecken in Fesseln fest. Selbst diejenigen, die wir für extrem erfolgreich halten, stecken in Fesseln fest, wenn sie ständig dasselbe tun und denken.

„Um dich felsenfest auf dein Ziel festzulegen, musst du vier Wachstumsstufen durchlaufen, die dich zu Verständnis und Freiheit führen."

– Sandy Gallagher

Für dein fortgesetztes Wachstum musst du den Zustand des Gefesseltseins hinter dir lassen und zur Stufe des logischen Verstands aufsteigen, um dich dort mit einer Idee vom Typ Y zu beschäftigen. Eine großartige Y-Idee entspricht nicht unserer programmierten Denkweise. Wir beschäftigen uns zwar mit dieser Idee, aber nur in unserem Bewusstsein, und unsere Aktivitäten vom Typ X bringen uns natürlich auch nur Typ X-Ergebnisse. Es sind noch weniger Menschen, die über diese Stufe hinauskommen – nur ein winziger Prozentsatz.

Wenn du es über diese Stufe hinausschaffst, stößt du auf die *Terrorbarriere*. Auf der letzten Stufe, die nur sehr Wenige erreichen, durchbrichst du die Terrorbarriere und gelangst zur *Freiheit*. Danach streben doch wir alle.

Sehen wir uns diese Stufen nun etwas genauer an. Nehmen wir mal an, dass du in deinem Leben wirklich etwas bewegst, allerdings immer nur im Einklang mit deiner Konditionierung vom Typ X. Der metaphysische Autor Thomas Troward nennt es den Kreislauf der Unwissenheit:

> Wir blicken für gewöhnlich immer nur auf die mechanischen Aspekte der Dinge und auf nichts weiter. Alles geschieht rein mechanisch, von den Schnitzarbeiten auf einem Möbelstück bis hin zur Ausgestaltung unseres Sozialsystems. Zuerst

> beschäftigen wir uns mit der Mechanik und unser Geist muss sich den mechanischen Erfordernissen anpassen. Wir lassen uns auf den Mechanismus ein, statt auf den Geist, und begrenzen so unseren Geist und weigern uns, ihn seinen eigenen Weg gehen zu lassen; und dann, als Folge davon, entfalten wir rein mechanische Aktivitäten und vervollständigen so den Kreislauf der Unwissenheit, da wir annehmen, dass dies die einzig mögliche Art des Handelns ist.

Sagen wir, du bist auf der Stufe des Gefesseltseins und deine Konditionierung im Unterbewusstsein ist vom Typ X. Hier steckt dein Paradigma, das heißt der emotionale Teil deiner Persönlichkeit.

In deinem Bewusstsein beschäftigst du dich nur mit Ideen vom Typ X. Unzählige Ideen strömen auf dich ein, aber du filterst all jene heraus, die nicht zur deiner Typ X-Programmierung passen. Du musst über diese Stufe hinauswachsen und dich auf neue Ideen einlassen – auf Ideen, für die dein Bewusstsein bisher noch nicht offen war.

Um diese Stufe zu überwinden und neue Resultate in deinem Leben zu produzieren, sagst du dir: „Ich will mein Bewusstsein erweitern“ und schon erreichst du Stufe 2: den logischen Verstand. Du hast dich in eine großartige, wunderbare Idee verliebt. Du denkst dauernd daran, du spielst mit ihr in deinem Bewusstsein und nutzt die Fähigkeiten deines Intellekts, beispielsweise die Vorstellungskraft. Du denkst dir: „Wow! Das könnte ich wirklich!“

In diesem Moment verankerst du die Idee in deinem Unterbewusstsein, verknüpfst sie mit starken Gefühlen und kannst dich bei der Zielerreichung sehen. Und dann – rumms! Du stößt auf die Terrorbarriere und Zweifel, Sorge und Angst machen sich in dir breit. Es ist fast so, als ob es in deinem zentralen Nervensystem einen Kurzschluss gibt und du willst nur noch eins: zurück in deine Komfortzone.

Hier bleiben die meisten stecken. Falls sie es bis hierhin schaffen, stoßen sie auf die Terrorbarriere und fliehen eiligst zurück in die Sicherheit. Das machen sie so oft, bis sie sich denken: „Na ja, so schlecht ist es hier ja auch nicht“.

Warum macht uns diese Barriere so viel Angst? Weil sich die alte und die neue Konditionierung wie Öl und Wasser zueinander verhalten. Sie vermischen sich nicht und so entsteht eine chaotische Schwingung. Das kann sich in Kopfschmerzen oder Übelkeit äußern, oder du spürst in dir nur noch Furcht und Chaos.

Das ist ganz natürlich. Das geschieht, wenn man es mit der Terrorbarriere zu tun bekommt. Dein Paradigma liefert sich eine Auseinandersetzung mit deinem Traum und du darfst nicht das Paradigma gewinnen lassen. Leider ist es so, wenn Menschen die Terrorbarriere nicht überwinden und immer wieder in die Sicherheit zurückfallen, geht es für sie auf der Leiter des Selbstwertgefühls ein paar Stufen abwärts. Deshalb musst du unbedingt die nächste Stufe erreichen. Joseph Campbell schreibt dazu: „Die Höhle, vor der du dich fürchtest, birgt den Schatz, nach dem du suchst".

„Dein Paradigma liefert sich eine Auseinandersetzung mit deinem Traum, und du darfst nicht das Paradigma gewinnen lassen."
– Sandy Gallagher

Wenn du dich deiner Angst stellst, beginnt automatisch das gewünschte Wachstum. Der spirituelle Teil von dir sehnt sich nach diesem Wachstum und genau das willst du wirklich. Es inspiriert dich, denn es ist das Verlangen deines Herzens. Jetzt willst du die nächste Stufe erreichen, damit alles dein sein kann: die Freiheit.

Du hast deine Idee bereits deinem Unterbewusstsein aufgeprägt. Das musst du ständig wiederholen, weil du nach wie vor gemischte Energien in dir trägst – dein altes und dein neues Paradigma. Du vermischst sie so lange miteinander, bis sich dein Paradigma schließlich verändert hat.

Rate mal, was du jetzt tun solltest? – Dir ein noch größeres und besseres Ziel setzen. Du hast Geschmack an der Freiheit gefunden, du liebst sie, denn sie ist die Essenz unseres Seins. Das Geistige wünscht sich Freiheit und Ausweitung.

Ich habe bereits von der mentalen Hast gesprochen. Hast ist Angst und daher destruktiv. Vielleicht erlebst du das auf der Terrorstufe. Du bewegst dich nicht, aber es fühlt sich so an, als ob deine Beine auf der Stelle laufen, und du willst nur ganz schnell weg von hier. Wirst du zurückrennen oder wirst du die Terrorbarriere überwinden? Spring drüber! Unterwegs werden dir Flügel wachsen!

Das Überwinden der Terrorbarriere wird dich mit viel Stolz und Dankbarkeit erfüllen. Manchmal bestätigt dir eine E-Mail oder ein Gespräch, dass du auf dem richtigen Weg bist, und das verschafft dir ein sehr gutes Gefühl. Wenn du eine solche Nachricht erhältst, solltest du sie ausdrucken, laminieren und aufbewahren. Frage dich nun, auf welcher Stufe du dich deiner ehrlichen Meinung nach befindest. Vielleicht hast du diesen Prozess schon mal zuvor durchlaufen und er hat große Veränderungen in deinem Leben bewirkt. Dann stagnierte dein Wachstum möglicherweise, weil du nicht mehr studiert und nicht mehr an dir gearbeitet hast. Auf welcher Stufe befindest du dich in diesem Moment? Das ist die einzig wichtige Frage.

Es geht darum, ob du bereit bist, deine Denkweise zu ändern und gegen die starke Strömung anzukämpfen. Das ist der Schlüssel. Tue jeden Tag einfach alles, was du kannst. Es funktioniert, auch wenn du eventuell noch keinen Beweis dafür siehst. Wenn du an der Idee festhältst, sie mit starken Emotionen verknüpfst, deinem Unterbewusstsein aufprägst und im Einklang damit handelst, dann funktioniert es auch. Gib jeden Tag dein Bestes. Du brauchst den Willen, deine Denkweise zu ändern und gegen die starke Strömung anzukämpfen. Durchstoße die Terrorbarriere. Das geschieht nicht zufällig, aber es ist wunderbar, wenn es dir gelingt. Dein Geist strebt stets nach Ausweitung und einem vollständigeren Ausdruck.

Die vier Stufen des Wachstums für die Zielerreichung:

Stufe 1: Gefesseltsein

Stufe 2: Logischer Verstand

Stufe 3: Die Terrorbarriere

Stufe 4: Freiheit

Kapitel 10

Das Gefühl von Wachstum

Wir alle wollen mehr. Sehen wir einmal, was Wallace Wattles dazu meint:

> Wachstum ist das, wonach jeder Mensch strebt. Es ist das Streben der in jedem Menschen vorhandenen formlosen Intelligenz nach vollständigerem Ausdruck.
>
> Das Verlangen nach Wachstum wohnt allem in der Natur inne. Es ist der grundlegende Impuls des Universums. Alle menschlichen Aktivitäten beruhen auf dem Streben nach Wachstum. Die Menschen streben nach mehr Nahrung, mehr Kleidung, besserer Unterkunft, mehr Luxus, mehr Schönheit, mehr Wissen, mehr Vergnügen – nach mehr Leben.
>
> In jedem Lebewesen wirkt dieses Bedürfnis nach andauerndem Fortschritt. Wenn die Höherentwicklung

des Lebens zum Stillstand kommt, folgen auf der Stelle Zerstörung und Tod.

Die Menschen sind sich dessen instinktiv bewusst, und daher streben sie fortwährend nach mehr.

Und doch werden viele von uns in dem Glauben erzogen, dass wir nicht nach mehr streben sollen.

Unsere Konditionierung kann viele Generationen zurückreichen: „Das alles brauchst du doch gar nicht; sei glücklich; sei zufrieden mit dem, was du hast."

Es ist nichts Verrücktes daran, mehr zu wollen. Wenn wir wissen, wer wir sind, und wenn wir unsere spirituelle Natur verstehen, dann wollen wir selbstverständlich mehr. Wir wollen wachsen. Wir sind Gottes höchste Schöpfungsform, deshalb wollen wir Neues kreieren, und das bedeutet, wir wollen wachsen.

Sobald wir erkennen, dass dies für jeden Menschen gilt, wollen wir wissen, wie wir es an andere weitergeben können. Wattles sagt: „Du kannst dieses Gefühl übermitteln, indem du an dem unerschütterlichen Glauben festhältst, dass du auf dem Weg der Weiterentwicklung bist und indem du dafür Sorge trägst, dass dieser Glaube alle deine Aktivitäten inspiriert, ausfüllt und durchdringt".

Es fällt nicht immer leicht, in diesem Zustand zu bleiben und unser gesamtes Handeln davon durchdringen zu lassen. Bisweilen tauchen Probleme auf, du denkst an Mangel und Begrenzung, fühlst dich gestresst; du stellst dich deinen Problemen entgegen und diese Energie strahlst du dann aus. Wenn wir aber unsere Wahrnehmung ändern, erkennen wir, dass diese Probleme uns helfen sollen, damit wir wachsen und unser Bewusstsein auf eine neue Stufe heben. Auf dieser neuen Bewusstseinsstufe haben wir dann auch mehr zu geben. Es ist so, wie Wattles schreibt: „Wir müssen am Gedanken des Fortschritts festhalten, damit wir das Gefühl von Wachstum kommunizieren können".

„Wir sind Gottes höchste Schöpfungsform, deshalb wollen wir Neues kreieren, und das bedeutet, wir wollen wachsen."
- Sandy Gallagher

Wir tun dies bei allen Menschen, mit denen wir in Kontakt kommen. Es ist entscheidend, dass wir unser Bewusstsein ständig erweitern und uns auf neue Ideen einlassen. Dann haben wir immer genug, was wir anderen geben können.

Hinterlässt du in den Menschen „ein Gefühl des Wachstums”? Alle deine Gedanken – und nicht nur deine Worte – übertragen sich auf die Menschen in deiner Umgebung. Und wenn ihr Unterbewusstsein weit offen ist, strömt alles direkt hinein. Wenn du dich unsicher fühlst, wenn du wütend oder frustriert bist, Mangel oder eine Einschränkung empfindest, überträgst du das auf andere, und sie werden dasselbe fühlen wie du.

Was strahlst du aus? Jeder deiner Gedanken beeinflusst andere Menschen, deshalb solltest du niemals negativ denken, dich beklagen oder dich kleinlich verhalten. Bedenke auch stets, dass alles, was du aussendest, direkt wieder zu dir zurückkehrt. Entdecke überall die Fülle, entdecke überall Gelegenheiten – du musst sie wirklich fühlen. Sieh überall Wachstum und übertrage dieses Wissen auf alle, mit denen du Kontakt hast. Wir alle streben nach Freiheit, Ausweitung und größeren Ausdrucksmöglichkeiten, weil wir mehr Leben wollen. Wenn du dies auf andere übertragen kannst, werden sie dich dafür lieben.

„Das mächtigste Werkzeug auf Erden für einen Paradigmenwandel ist eine entflammte menschliche Seele."
- Sandy Gallagher

Das mächtigste Werkzeug auf Erden für einen Paradigmenwandel ist eine entflammte menschliche Seele. Earl Nightingale sprach über den emporstrebenden Traum, dieses dynamische Etwas, das für alle Welt unsichtbar bleibt, außer für die Person, die daran festhält. Dieser Traum ist dein Antrieb, du bist Feuer und Flamme und beginnst zu wachsen. Durch dein erweitertes Bewusstsein hast du anderen mehr zu geben und bist noch besser in der Lage, in ihnen ein Gefühl von Wachstum hervorzurufen.

In den Resultaten in deinem Leben drückt sich dein Bewusstseinslevel aus. Beobachte die Menschen, und du erkennst, wo sie sich befinden. Du kannst ihren Bewusstseinslevel wahrnehmen. Sollte dich jemand verärgern, dann denke daran, dass sein Bewusstsein auf einem bestimmten Level schwingt und dein Bewusstsein auf einem anderen. Er versteht nicht, wo du dich befindest und wie du dorthin gelangt bist, aber du siehst deutlich, wo er steht und wie er dahin gekommen ist. Kritisiere ihn nicht, ärgere dich nicht über ihn, sondern erkenne einfach, dass er es nicht versteht.

Dasselbe gilt auch für dich. Wenn du dich mit einer Person auf einer höheren Bewusstseinsstufe unterhältst, verstehst du nicht unbedingt, wovon sie spricht. Öffne dich und sage dir: „Okay, ich will weiterwachsen. Meine Ergebnisse werden sich verbessern, weil ich meinen Bewusstseinslevel ständig erweitere."

„Die Antwort auf deine Gebete erfolgt nicht aufgrund deines Glaubens in deinen Worten", so sagt Wattles, „sondern aufgrund deines Glaubens in deinen Taten". Stelle in all deinem Tun deinen Glauben unter Beweis.

Es gibt Menschen, die sich abmühen, obwohl sie sehr gebildet sind und viele Abschlüsse haben. Vieles in ihrem Leben deutet eigentlich darauf hin, dass es ihnen wirklich gut gehen müsste, aber sie kämpfen und stecken fest. Dann gibt es andere, die nicht viel von dem haben, das scheinbar für den Erfolg erforderlich ist, und doch sind sie unglaublich erfolgreich.

Warum ist das so? Es liegt an dem, was in ihrem Inneren vor sich geht. Wir müssen immer genau darauf achten, was sich in uns abspielt, und wir müssen es im

Griff haben. Es ist ein Spiel mit dem Geist und wir müssen dieses Spiel kontrollieren.

Effiziente Ziele inspirieren uns, einen höheren Bewusstseinslevel und mehr Reichtum, Glück und Seelenfrieden zu erreichen. Ein grundlegendes Gesetz des Lebens lautet, dass alles im Universum entweder im Entstehen oder im Zerfallen begriffen ist. Du kannst nicht in einem Zustand verharren. Entweder bewegst du dich vorwärts oder rückwärts, sorge also dafür, dass es bei dir vorangeht. Absolut nichts steht still. Dein Leben bewegt sich entweder in die eine oder in die andere Richtung – es ist deine Entscheidung. Welchen Weg wirst du einschlagen? Erschaffst und gestaltest du etwas? Bringst du deinen Bewusstseinslevel weiter nach oben oder bewegst du dich nach unten und gehst rückwärts in Richtung Zerfall? Du entscheidest.

In unserem Inneren tobt ein Kampf, wie in der Schlacht von Armageddon: Die höhere Seite deiner Person drängt dich dazu, mehr zu erschaffen und dich noch besser auszudrücken, und es gibt die andere Seite, die sagt: „Warte, bleib lieber hier unten". Sie will dich nach unten ziehen.

Diese Schlacht musst du gewinnen. Achte darauf, dass du dich immer auf die höhere Seite zubewegst.

Wattles sagt: „Das normale Verlangen nach stetig anwachsendem Reichtum ist nichts Schlechtes oder Tadelnswertes. Es ist einfach nur das Verlangen nach einem ausgefüllteren Leben, und da dies der tiefste Instinkt ihres Wesens ist, fühlen sich alle Menschen von jemandem angezogen, der die Ausdrucksmöglichkeiten ihres Lebens erweitert.

Deine höhere Seite drängt dich, zu wachsen und etwas zu erschaffen. Dein altes Paradigma will dich unten festhalten, daher musst du dich zu einer höheren Bewusstseinsstufe aufschwingen. Denke immer daran, dass du nicht zu wissen brauchst, wie es dir gelingen wird.

„Deine höhere Seite drängt dich, zu wachsen und etwas zu erschaffen. Dein altes Paradigma will dich unten festhalten, daher musst du dich zu einer höheren Bewusstseinsstufe aufschwingen."

– Sandy Gallagher

Es genügt, wenn du weißt, dass du es schaffst. Wenn du dich weiter voran bewegst und aktiv bist, wenn du jeden Tag dein Bestes gibst, schaffst du für dich neue Bedingungen und Umstände. Deine Umwelt wandelt sich und indem du dich diesem Wandel anpasst, erkennst du den nächsten Schritt.

Danach kannst du die nächste Stufe zu einem höheren Lebenslevel erklimmen. Der Weg zeigt sich dir auf deiner Bewegung nach oben und gleichzeitig geht auch der Kampf weiter.

Aber weißt du was? Es fällt dir immer leichter, den Kampf zu gewinnen und weiter nach oben zu kommen.

Es gibt da eine großartige Geschichte über Jimmy Carter und den Admiral Hyman Rickover, die Carter in seinem Buch *Why not the best?* erzählt. Carter hatte die Marineakademie abgeschlossen und wollte gern in die Atom-U-Bootflotte aufgenommen werden. Da die Anforderungen sehr hoch waren, musste er ein anspruchsvolles Auswahlverfahren durchlaufen, wozu unter anderem ein zweistündiges Gespräch mit Admiral Hyman Rickover gehörte. Admiral Rickover war der dienstälteste Angehörige der Streitkräfte der Vereinigten Staaten. Über sechzig Jahre diente er in der Navy und wurde als Vater der Nuklearmarine bekannt.

Carter wusste, dass ihm ein zweistündiges Bewerbungsgespräch mit Rickover bevorstand, und jeder sagte ihm, dass es sehr intensiv sein würde. Aus einer großen Vielfalt von Themen konnte er sich die aussuchen, über die er sich befragen lassen wollte. Er entschied sich für seine Lieblingsthemen, unter anderem Musik und Ballistik.

Im Verlauf des Gesprächs stellte der Admiral Carter eine ganze Reihe von Fragen, die mit der Zeit immer schwieriger wurden. Carter berichtete, dass Rickover keinerlei Gesichtsregung zeigte; er blickte Carter nur direkt an und stellte seine Fragen. Carter war schon bald schweißgebadet, weil ihm rasch klarwurde, dass er über jedes der Themen längst nicht so gut Bescheid wusste wie notwendig. Rickovers Wissen überragte seines bei weitem.

Als Rickover auf die Marineakademie zu sprechen kam, fragte er Carter: „Wie ist es Ihnen dort ergangen?“

Carter war über diese Frage erleichtert, da er an der Marineschule gut abgeschnitten hatte. Er reckte sich und sagte: „Ich war der neunundfünfzigste von 820“, in der Erwartung, dass Rickover ihn beglückwünschen würde. Aber der Admiral sah ihn nur an und drehte ihm dann den Rücken zu. Dann stellte er nur eine weitere Frage: „Haben Sie Ihr Bestes gegeben?“

Carter überlegte eine Minute und wollte die Frage schon bejahen, doch er wusste, dass er es hier mit Rickover zu tun hatte, und so antwortete er: „Nein, ich habe wohl nicht in jedem Bereich mein Bestes gegeben".

Rickover drehte sich für einen Moment zu ihm mit der Frage: „Warum nicht?" Dann wandte er Carter erneut den Rücken zu und drehte sich nicht wieder um.

Carter blieb einen Moment lang sitzen und verließ dann den Raum mit einem fürchterlichen Gefühl. Aber alles ist für ihn gut ausgegangen, denn diese Frage wurde zu seinem Antrieb, immer und überall sein Bestes zu geben. Und natürlich schaffte er es bis ins Weiße Haus.

„Du erfährst ein unaufhörliches Wachstum für dich selbst", so schreibt Wattles, „und du reichst es an alle weiter, mit denen du zu tun hast. Du bist ein Schöpfungszentrum, das Wachstum für alle bewirkt."

Du bist ein Kanal, durch den Gott wirkt, und Gott will, dass du dein Bestes gibst. Du bist ein Kanal und du verfügst über diese Macht. Du kannst die Weiterentwicklung noch mehr fördern, indem du dir dieser Wahrheit immer mehr bewusstwirst. Genau das meint Wattles hier, und genau das meinte auch Rickover: Wir müssen unser Bestes geben. Der Autor Robert Russell hat es ausgezeichnet so formuliert: „Es gibt kein Geheimnis für Größe. Man tut einfach nur jeden Tag kleine Dinge auf eine großartige Weise."

Bevor wir mit diesem Buch zum Ende kommen,

sollten wir uns alle an die Hauptsache erinnern: Du hast nur ein Leben; du kannst nur einmal in den Apfel beißen. Wenn dein Leben nicht so ist, wie du wirklich willst, solltest du unbedingt etwas daran ändern.

„Es gibt kein Geheimnis für Größe. Man tut einfach nur jeden Tag kleine Dinge auf eine großartige Weise."

- Robert Russell

Über die Autoren

Für Millionen von Menschen überall auf dem Globus ist der Name Bob Proctor gleichbedeutend mit Erfolg. Schon lange bevor ihn seine Mitwirkung im Film The Secret – Das Geheimnis zum Superstar machte, besaß er bereits einen legendären Ruf im Bereich Persönlichkeitstraining. Seine Erkenntnisse, Inspirationen, Ideen, Systeme und Strategien dienten Menschen auf der ganzen Welt als Initialzündung für berufliche Veränderungen und persönliche Erweckungserlebnisse, für inneres Erwachen und den Aufbau von Millionenvermögen.

Bob war der Erbe der modernen Erfolgswissenschaft, die mit dem Kapitalexperten und Philanthropen Andrew Carnegie begann. Carnegies große Herausforderung an den jungen Reporter Napoleon Hill, eine Formel für den Erfolg auszuarbeiten, brachte Hill dazu, das bekannte Buch *Denke nach und werde reich* zu verfassen. Als Bob dieses Buch im Alter von sechsundzwanzig Jahren entdeckte, änderte sich sein Leben schlagartig und er begann seine eigene Suche nach den Geheimnissen des Erfolgs. Diese Suche führte ihn zu Earl Nightingale, dem berühmten „Altmeister des Persönlichkeitstrainings“, der schon bald zu Bobs Arbeitskollegen und Mentor wurde. Bob baute bis zu seinem Tod im Februar 2022 weiter auf den bemerkenswerten Lehren dieser drei Giganten auf und gab sie weiter.

Auf der ganzen Welt wirkte Bob Proctor als Redner, Autor, Berater, Coach und Mentor für Unternehmen und Privatpersonen. Er vermittelte den Menschen die mentalen Grundlagen des Erfolgs, die Motivation, etwas zu erreichen, und umsetzbare Strategien, die sie in die Lage versetzen, in dieser sich ständig verändernden Welt zu wachsen, sich zu verbessern und erfolgreich zu sein.

Sandy Gallagher war eine angesehene Anwältin mit einer erfolgreichen Karriere im Bankenrecht. Sie wickelte regelmäßig Fusionen und Übernahmen, Börsengänge und andere große Transaktionen im Wert von mehreren Milliarden Dollar ab und war Beraterin von Vorständen und Führungskräften von Fortune-500-Unternehmen.

Die Begegnung mit dem legendären Persönlichkeitstrainer Bob Proctor führte Sandy auf einen neuen Weg, der ihr Leben völlig veränderte. Durch Bobs Lehren verstand Sandy endlich das „Warum“ hinter all ihrem Erfolg und sie erkannte, dass ihre nächste Lebensaufgabe darin bestand, anderen aufzuzeigen, wie sie dasselbe erreichen können. Und so beschloss sie, sich mit Bob zusammenzutun, um ihre Mission zu erfüllen.

Sie konzipierte gemeinsam mit Bob das Trainingsprogramm *Thinking Into Results*, das kraftvollste Programm seiner Art für Transformationen in Unternehmen.

Durch das Proctor Gallagher Institute verbreiten Sandy Gallagher und das von Bob zusammengestellte Team weiterhin die Prinzipien, Strategien und Grundlagen, die Menschen und Unternehmen helfen, ihre Ziele zu erreichen.

www.bobproctor.de